书山有路勤为径，优质资源伴你行

注册世纪波学院会员，享精品图书增值服务

MAKING A DIFFERENCE BY BEING YOURSELF

Using Your Personality Type to Find Your Life's True Purpose

发现你的职业性格

MBTI助你改善工作方式和人际关系

《钻石版》

[美] 格里高力·哈苏克苏 著
Gregory E. Huszczo

穆瑞锋 郭岑 钱峰 译

电子工业出版社
Publishing House of Electronics Industry
北京·BEIJING

版权贸易合同登记号　图字：01-2011-5412

图书在版编目（CIP）数据

发现你的职业性格：MBTI 助你改善工作方式和人际关系：钻石版 / （美）格里高力·哈苏克苏（Gregory E.Huszczo）著；穆瑞锋，郭岑，钱峰译.

北京：电子工业出版社，2025. 1. -- ISBN 978-7-121 -49177-1

Ⅰ. B848.6；C913.2

中国国家版本馆 CIP 数据核字第 2024RM5093 号

责任编辑：吴亚芬
印　　刷：北京建宏印刷有限公司
装　　订：北京建宏印刷有限公司
出版发行：电子工业出版社
　　　　　北京市海淀区万寿路 173 信箱　邮编 100036
开　　本：720×1000　1/16　印张：14.25　字数：228 千字
版　　次：2025 年 1 月第 1 版
印　　次：2025 年 9 月第 3 次印刷
定　　价：59.00 元

凡所购买电子工业出版社图书有缺损问题，请向购买书店调换。若书店售缺，请与本社发行部联系，联系及邮购电话：（010）88254888，88258888。

质量投诉请发邮件至 zlts@phei.com.cn，盗版侵权举报请发邮件至 dbqq@phei.com.cn。

本书咨询联系方式：（010）88254199，sjb@phei.com.cn。

前　言

现在，人们对如何做出改变充满了兴趣。大量公司宣传自己的产品或服务能够给人们带来变化。很多非营利机构将"做出改变"作为自己的宣传口号来招募志愿者。例如，《美国周刊》在每年10月发起"公益活动日"，并且为有价值的项目提供资金支持。奥普拉·温弗里建立了"奥普拉天使网络"，鼓励人们进行捐助，参加志愿者活动等。美国国家广播公司（NBC）夜间新闻节目每周都会有一段时间用来讲述人们做出改变的一些故事。

在这样的趋势下，作者试图让人们意识到，做出改变是每个人都可以做到的事情。这只是关于平凡的人们做出对他们而言平凡的事情——成为自己。2008年本书第一次出版时，作者就收到了几百个故事，都是关于人们如何做出改变的。也有很多读者告诉作者，本书帮助他们在工作、人际关系和社区中做出了改变。

如果作者告诉你，做出改变，归根结底就是做你自己，你会怎么想？这听上去很容易，但是做起来并不简单。为了让你做真正的自己，你必须了解自己的核心性格类型。为了做出改变，你必须有勇气利用自己的性格类型。苏格拉底说："浑浑噩噩的生活不值得过。"本书帮助你了解自己，然后利用这种了解做出改变。本书会让你通过成为自己——而不是超人之类的——来采取行动。你所做的事情要与你的性格类型保持一致。作者可以向你保证，如果你愿意有意识地利用自己的性格类型来采取行动，那么你就会做出改变。

为了完成本书，作者做了三次研究，共有 500 多人参与其中，他们告诉作者他们所做出的改变。本书包括 100 多个故事，可以帮助你了解你的性格类型将如何给你带来变化。人们能够从好的故事中学到很多东西。本书不是关于不平凡的人所做出的不平凡的事情。在本书中，你不会看到如沃伦·巴菲特和林肯这类伟大人物所做出的改变，本书只是关于平凡的人们在自己的工作和生活中为了自己在乎的人和组织所做出的改变。本书中的大部分故事都是一些关于日常生活的经验，因为经常性地做出一些小的改变，能够给自己带来幸福感和满足感。玛丽安·赖特·埃德尔曼说："我们不应该总是想着如何做出大的改变，而忽视了日常生活中我们所能做的小的改变。小的改变日积月累，就会产生我们往往无法预见的大改变。"

其中的一些故事有点离奇。例如，一个大学生在自己的女朋友晕倒后，努力保护她，不让别人在她身上写字。大部分的故事能够让人了解人们如何通过成为自己在工作中做出改变。其中的一些故事就像下面这则故事一样温馨：

"我曾做了一年的教育助理。我渐渐知道了每个学生的重要性。当孩子们在学习或生活中遇到困难时，他们就会向我求救。在每个孩子过生日时，我会为他们做一点特别的事。我会和他们一起吃午饭，并且写便条告诉他们，自己非常喜欢和他们聊天。当我的一个学生患有精神疾病而住院治疗时，我常常去探望她。同时，我还和班上的全职教师保持着良好的关系。"

在作者的研究中，所有的 500 名研究对象都和她分享了他们做出的一些改变。有一些人在受到鼓励后，才和作者分享他们的故事，不过所有的人都曾在工作和人际关系中做出改变。另外，几乎所有的人都指出，他们在某一个领域中做出的改变能帮助他们在另一个领域中做出改变。他们同时也承认，为他人带来改变也大大地改变了自己。这让他们更加开心，也更有成就感。做出改变是一个基本的需要，而且可能是人类共有的经历。做真正的自己是让自己感觉到成就感的关键因素。

　　在整本书中，你会学到不同性格类型的人将如何以不同的方式做出改变。你将通过简单的自我测评和练习了解自己的核心性格类型。一旦你了解了自己的性格类型，你就能做好准备，提高自己做出改变的频率。本书是关于你自己的性格类型的，而不是关于作者研究对象的性格类型的。本书不会要求你深入了解自己的性格类型，但是你需要了解自己性格类型中的四种倾向。本书也会鼓励你利用这些关于你的信息来寻找机会做出改变。本书的第 1 篇是为每个人而写的。第 1~3 章介绍了积极心理学、做出改变、有意识地生活，以及发现自己的核心性格类型。第 2 篇的各章分别针对特定的人。第 4~7 章主要描述了四种核心性格类型，其中某一章特别有利于你在工作和人际关系中做出改变。在本书中，你会发现很多表格和练习，它们可以帮助你提高自己的能力，从而做出改变。第 8 章是一个总结。但是，只阅读本书是不够的——你必须从自己的实际情况出发，将学到的东西运用到工作和人际关系中。本书的目标是使你能够自然而然地做出改变。现在就行动起来，通过成为真正的自己来做出改变！

目 录

赚钱容易，但是做出改变，则困难得多。

越来越多的证据表明，在工作中取得成功的关键是致力于自己的长处。

要做出改变，真正要做的，只是做真正的自己。

你是唯一能够做出改变的人。无论你的梦想是什么，努力争取吧。

做出改变关乎你的能力、动力和机遇三者之间的相互关系。

开启了解个性之旅，让你更加努力地做出改变，从而更接近你的理想。

一个人只有敢于倾听自己，敢于倾听生活中的每个时刻，才能明智地选择自己的生活。

了解自身的天性，能够在你制订计划和做出改变时，给你一种优势。

- 外向–内向（E-I）维度，代表个人不同的精力来源。
- 感觉–直觉（S-N）维度，代表个体在收集信息时注意的指向。
- 思维–情感（T-F）维度，代表个体做决定和下结论的方法。
- 判断–知觉（J-P）维度，代表个体的生活方式。

他们客观，并且拥有和欣赏常识。

在工作上，他们将复杂问题分解成一系列步骤，以获得实际的结果。

在人际关系上，他们通过独立、冷静及不那么有压力的方式解决情感问题。

他们善于交际，也很友好。

在工作上，他们以人为本，把工作甚至客观任务变得更加舒适。

在人际关系上，他们关爱他人的天性，会让他人觉得自己受到重视和支持。

他们善于交流，会捍卫他人的利益。

在工作上，他们激励他人用自己的力量为组织和同事做出贡献。

在人际关系上，他们鼓励成长和见解，并且充满活力地交流。

他们着眼于未来，分析事物之间的关系，并绘制未来发展的蓝图。

在工作上，他们强调未来的目标，用他们的能力来解决问题以实现目标。

在人际关系上，他们利用逻辑和观点帮助人们制订计划和解决问题。

第 8 章　制订计划，做出改变　/ 188

我们重复做什么，就会成为什么样的人！优秀不是一个行为，而是一个习惯！

做出改变取决于能力、动力和机遇三个因素。

利用自己天性中的优势在工作和人际关系中做出改变，必须将所有因素结合起来。

第 1 篇

做出改变，发现自己

第1章

为什么做出改变如此重要

赚钱容易，但是做出改变，则困难得多。

——汤姆·布罗考（Tom Brokaw）

越来越多的证据表明，在工作中取得成功的关键是致力于自己的长处。积极心理学指出，人们身心健康的重点在于他们知道自己的正常之处，而不是专注于自己的神经、精神病和缺点。你是否知道自己的正常之处？你是否能够描述自己的天性，并且是否准备好利用这些天性做出改变？

事实证明，要做出改变，真正要做的，只是做真正的自己。话虽如此，可你知道你是谁吗？本书将指导你了解自己性格中的关键因素——但更重要的是，它将帮助你利用自己的这种性格。每年都有几百万人参加研讨会，通过测试发现自己的性格类型，甚至可能了解同事的性格特征。但是，遗憾的是，大部分人并没有很好地利用自己在这个过程中获得的那些极有价值的见解。

在当今世界，做出改变有多么重要

　　如果你在谷歌搜索框中输入"做出改变"，你会得到几百万个与此相关的链接。很多社团设立了"公益活动日"，人们在这一天可以自发地去帮助那些有需要的人。事实上，《美国周刊》正试图将此变为全国性的节日。它将每年 10 月的第四个星期六定为"公益活动日"。仅在一个周末的时间里，就有超过 300 万名群众自发参与其中，在几百个城镇里完成几千个项目。同时，《美国周刊》还建立了一个网站，包含各种完成的项目，对其他项目的想法，以及如何鼓励更多的人参与其中。

　　具有改变的机会能够激励人们。例如，AmeriCorps 和 Peace Corps 这样的服务机构鼓励人们，让他们知道自己可以通过更多地参与到它们的工作和任务中来使自己做出改变。慈善机构往往在各种宣传活动中使用"做出改变"这个主题。美国服务社等机构将此作为一个口号。做出改变是大学生提供服务的动力（作为春节假期的替代），是对教师的奖励，是发展人们领导技能的机遇。

　　娱乐产业也宣扬这种理念。像《生活多美好》和《让爱传出去》这些受到大众欢迎的电影通过讲述多个感人的故事，表达了平凡人在自己的工作中、社区里为自己的家人、朋友、同事，甚至陌生人做出了改变。一些新闻节目将此作为主题。例如，美国国家广播公司（NBC）夜间新闻节目每周都会用一段时间来讲述人们如何做出改变。

　　很多热卖的非小说类书籍描述了帮助他人所能获得的好处。罗伯特·格林立夫（Robert Greenleaf）于 1977 年提出的服务型领导（Servant

Leadership）宣扬将下属利益列于组织目标之上；每位领导与自己下属之间的关系就是服务与被服务的关系，其根本任务就是对下属做好服务工作。著名的心理学家米哈里·契克森米哈（Mihály Csikszentmihályi）的著作《涌流》（1990）研究了最优体验的心理学，提出幸福来自努力为自己和他人做出改变。马尔科姆·格拉德威尔（Malcolm Gladwell）在《引爆点》（2000）中利用各种有力的证据表明小的改变如何对工作及整个社会产生巨大的影响。哈佛大学积极心理学讲授者泰·本-沙哈（Tal Ben-Shahar）在他的著作《更快乐》（2007）中提到了各种能够让人更加快乐的关键因素；其中的大部分内容就是做出改变，并且有意识地生活。显然，做出改变这个话题已经激励了这个国家乃至全世界的上百万人。

为什么做出改变对人们来说如此重要

做出改变是一个基本的人类需求。做出改变能够满足几大需求，包括人们需要感觉到生命的意义，这种需求非常重要。亨利·梭罗（Henry Thoreau）曾沮丧地指出，大多数人"都在平静中绝望地过着他们的生活"。几乎每个人都有巅峰时刻；只需要让他们注意到这些时刻，并且帮助他们获得更多这样的时刻。在作者的研究中，当她让 500 个研究对象回想自己做出改变的时刻时，所有人都能够举出一些例子来。本-沙哈曾对幸福的最终重要性举出了一个有力的证据。他认为，幸福就是人们在生命中同时经历快乐和意义的时刻。美国的建立就基于对幸福的追求这一基本的权利。当人们为自己或他人做出改变时，人们发现了生活的意义，并且觉得更加幸福——无论是在工作中，还是在人际关系中。拉尔夫·沃尔多·爱

默生（Ralph Waldo Emerson）指出："真诚帮助他人的同时也帮助了自己，
这是生命中最美好的补偿。"

选择改变，而不是十全十美

你是不是个完美主义者？你是否更倾向于指出所处的环境中所缺少
的事物，而不是那些已经存在的事物？当你在工作中受到表扬，或者受到
爱人、邻居的表扬时，你是否会变得不再那么努力？本书能促使你注意事
情是变得更好还是更糟，而不是关注自己或他人所做的是否完美。改变这
一观念能很好地代替完美主义。卡伦·霍妮（Karen Horney）等心理治疗
师描述了完美主义的负面影响。这种趋势往往会阻碍人们做出改变，使人
们无法体会到帮助自己和别人所能获得的满足感。

"做出改变"一方面鼓励人们要像真正的人那样，而不是像上帝那样；
另一方面鼓励人们努力尝试具有挑战性的事情。"做出改变"的标准——使
事情变得更好——为人们提供了一条捷径，一方面，让人们抵制住诱惑，
不去想应该把事情做得完美；另一方面，不让人们觉得事情应该"顺其自
然"。大量的证据——来自研究和经验的证据——表明微小的事情也能带来
巨大的变化，无论是对自己，还是对他人。如果人们能够因为自己做出的
细微的改变而感到快乐，那么人们会变得更加重视他人，而不那么自私。
伊森（Isen）、克拉克（Clark）、施瓦兹（Schwartz）和乔治分别在 1976 年
和 1991 年做的实验证实，当人们心情愉悦时，人们更可能帮助他人。你
是否愿意让自己不必事事追求完美，为成为真正的自己而感到高兴？你是
否愿意让自己在工作和人际关系中提供帮助，从而让自己感到开心，明白

生命的意义，而不是感觉自己并不应该为这小小的努力而感到高兴？

选择改变，而不是推卸责任

选择改变是获得结果的一条捷径，而不需要证明你是对的，他人是错的。这个概念强调的是合作而不是竞争，能够为自己、他人及组织带来利益。人们越注意改变的机会，对自身及生活的感觉就会越好。有趣的是，人们的周围充满了这些机会。你是否做好准备，让自己更加清楚地意识到这些机会，并且有意识地利用自身性格的优势做出改变？

第**2**章
你如何做出改变

你是唯一能够做出改变的人。

无论你的梦想是什么，努力争取吧。

——埃文·"魔术师"·约翰逊（Earvin "Magic" Johnson）

成功地做出改变，取决于以下三个方面：

- 你的能力。
- 你的动力。
- 你生活中的机遇。

例如，你的工作表现在某种程度上与你的工作能力相关。正是你的知识和技能使你能够完成你的工作。但是，如果你没有动力去使用你的能力，那么你不会尽力工作，也不会做出改变。如果你不清楚自己是否应该参与某个任务或你需要付出多大的努力，那么你很可能不会全力以赴。期望是动力的一个重要部分。另外，如果你的期望没有实现，你的动力就不会持续很久。最后，虽然你具备做工作的能力和动力，但是如果没有机遇，你也不会有机会做出改变。那些候选运动员能够告诉你这一点。做出改变关乎你的能力、动力和机遇三者之间的相互关系。

本章将探讨为什么你在工作和人际关系上做出的改变——无论是工作之中还是工作之外——以及你的努力是那么重要。这将引导你了解如何正确使用自己的个性来使你更加努力地做出改变。你需要检查你的工作和人际关系中的能力、动力和机遇。

有很多方式可以做出改变。首先，想一下你是否曾经通过以下方式帮助过他人：

- 制订一项计划。
- 磋商解决的办法。
- 防患于未然。
- 解决问题。
- 在某种情况下减少压力。
- 成为一个榜样。
- 提供某些反馈。
- 鼓励他人，表达自己的关心。
- 激发热情。
- 有效地交换信息。
- 解决冲突。
- 激励他人。
- 影响某个决定。
- 提供道德标准。
- 促进信任。

- 表示尊重。

- 建立信用。

- 团队建设。

- 帮助他人感觉到自身的价值。

- 提升团队或公司的形象。

- 与不同性格的人打交道。

- 在一个运行非正常的公司里保持自己的健康。

- 发挥领导作用。

- 激发他人的领导才能。

- 发起改变。

- 关爱他人。

在工作上做出改变

首先，看一看你如何在工作上做出改变。事实上，公司对自己的员工所做出的改变表示认可和赞赏，这是符合每个公司的自身利益的。这种认同不会损耗公司一分钱；相反，它会鼓舞士气，带来更大的效益。甚至，即使你的员工并不重视做出改变，但只要你愿意迈出第一步，你就有几百种方式可以选择。在作者的研究中，当她问起研究对象，他们何时在工作中做出改变时，她发现他们的故事中有几个主题被反复提到，如简化事务、积极乐观、拯救他人、发展体系和减少压力等。以下是一位研究对象的故事：

当我在礼服出租店里工作时，我常常在婚礼的前一天，为新郎和新娘缓解巨大的压力。婚礼一结束，双方就会去度蜜月。有的人无法在婚礼前成功瘦身，只好修改礼服的尺寸。礼服没有放在店里——所有的东西都放在附近的仓库里。虽然这并不是我们的错，但我会告诉他们我会帮他们解决这个问题。我记下他们的地址，开车前往仓库，将新的礼服送到他们家，这样他们就能在婚礼的那一天穿上了。

利用练习 1 帮你找出自己曾在工作任务中或与同事的关系中做出的改变。在第 8 章的练习 14 和练习 15 中，会要求你回顾这些改变，然后会要求你在现在的工作中做出更多的改变。

📝 **练习 1　你何时在工作中做出改变**

在以下的横线处或在另一张白纸上写下你在工作中做出改变的时刻。不要忘了记下那些平凡的时刻——不要低估这些经历。提供尽可能详细具体的例子。

_____

_____

_____

_____

_____

_____

_____

在人际关系中做出改变

如果仅在工作中做出改变，那么大部分人可能不会有成就感。亚里士多德曾说："没有友谊，就没有幸福。"人类是社交动物，爱与被爱是基本的需求。在与朋友、爱人、家人、邻居和同事等之间的关系中做出改变是显示关爱的一个重要方式，而与此同时，人们自身的需求也会得到满足。人们并非一定要这么做来改变他人。人们奉献自己，以各种方式做出改变。当作者问起她的研究对象，他们如何在人际关系中做出改变时，很多主题不断地被反复提到，如依赖、解决冲突、鼓励冒险和帮助他人提升他们的能力。以下则是一个相关故事：

> 通过不停地鼓舞我的朋友马特重返校园，我改变了他的生活。我一直告诉他，他很聪明，能够轻松地学习大学里的课程。他最近决定在上大学之前先去社区学院学习相关的课程。我想，可能是我的鼓励和积极的话语对他产生了影响。

利用练习 2，想想自己曾用哪些方式在人际关系上做出改变。在练习 14 和练习 15 中，你需要回顾这些改变，然后要求你在现在的人际关系中做出更多的改变。

练习 2　你何时在人际关系中做出改变

在以下的横线处或在另一张白纸上写下你在与家人、爱人、朋友、邻居和同事的关系上做出改变的时刻。不要忘了记下那些平凡的时刻

——不要低估这些经历。提供尽可能详细具体的例子。

_____

_____

_____

_____

_____

_____

_____

_____

_____

_____

_____

为什么做出改变对你而言非常重要

　　人们都记得自己做出改变的某些时刻。这些时刻利己利人。改变的可以是日常事务，而不仅仅是那些改变人生的事情。在练习 1 和练习 2 中，你描述了自己做出改变的某些时刻。在练习 3 中，你需要想想自己在努力做出改变时的感受，以及为什么做出这种改变对你而言可能是一种重要的动力来源。

练习 3　做出改变的影响

回顾一下你在练习 1 和练习 2 中列出的关于自己在工作或人际关系中做出的改变，然后选择一两个事件进行研究。在你付出努力前、正在努力中或付出努力后，你的感觉是怎样的？他人有什么样的感受？尤其要注意的是，你所做的事情对你有怎样的意义？为什么这件事对他人也具有意义？

_____

_____

_____

为什么你对自己所做的事情感到高兴？为什么他人对你所做的事感到开心？

_____

_____

_____

为什么你会一直致力于这个改变？是什么使你对此保持关注？

_____

_____

_____

基于以上回答，为什么做出改变对你而言非常重要？

_____

_____

做出改变是否对每个人都具有相同的意义

当你想办法做出改变时，你可能注意到在工作上或人际关系中任何人都可以采取的一些帮助方式。人们会从对他人的帮助中获利。通常，人们往往会根据特定的情况，针对特定的人提供所需的帮助。对某些人而言，这意味着要他们成为非真正的自己。本书根据积极心理学，鼓励你主要通过自身的性格特征中的强项来寻求幸福。作者的研究表明，性格能够产生一种风格，这种风格能够很好地适应你为做出改变所做出的努力。第 3 章将帮助你理解自身的性格及可能优势。第 4～7 章将帮助你了解核心性格类型的因素，以及你如何通过有意识的生活来更好地利用自身的性格类型。

第3章
你是谁？利用你的性格类型

一个人只有敢于倾听自己，敢于倾听生活中的每个时刻，才能明智地选择自己的生活。

——亚伯拉罕·马斯洛（Abraham Maslow）

当你做真正的自己时，你是谁？以下是作者的一些研究对象提出的想法：

- "在某人开始关键的面试前，我所给出的最好建议就是'做你自己'。"

- "当我们面临艰难的处境时，我真的不知道该告诉下属做什么来度过这个处境，但是我的老板告诉我，只要做我自己就好了，这真的帮到了我。"

- "我最好的朋友知道我真的非常想和盖里出去约会。就在我和盖里出去约会前，她告诉我，只要做我自己就好了，因为如果他不喜欢真实的我，那么他就并不适合我，所以到现在，我和盖里已经结婚15年了，也有了两个漂亮可爱的孩子。在我们最美好的日子里，我们互相期盼的只是真实的对方。"

对"做真正的自己"的回答

你是否跟别人说过"做真正的自己"这一经典的建议？你是否收到过这样的建议？"做真正的自己"对你有什么样的意义？练习4能够帮你找出答案。

练习4　你是谁

将你对以下每个问题的回答写在字母的右边，然后在字母左边的空白处写上回答的重要性。

问题A：用一个词语，或者最多用一个简单的短语回答这个问题："你是谁？"

_____ A. _____

问题B：你是谁？用不同的词语或短语再次回答这个问题。

_____ B. _____

问题 C~Z：继续回答"你是谁"这个问题。确保在每栏都用不同的词语或短语回答，但是这些词语或短语能够展现真正的你。了解你对自己的想法，并尽量完成整个清单。如上所示，将你的回答写在字母的右边。

_____ C. _____

___D. _____

___E. _____

___F. _____

___G. _____

___H. _____

___I. _____

___J. _____

___K. _____

___L. _____

___M. _____

___N. _____

___O. _____

___P. _____

___Q. _____

___R. _____

___S. _____

___T. _____

___U. _____

___V. _____

___W. _____

___X. _____

___Y. _____

___Z. _____

现在看一遍你的回答，并对其进行排序。从 1 开始，按次序排列哪些最能够代表真正的你，1 表示最能够代表真正的你，2 表示第二能够代表真正的你，依次类推，至少要排列出前 10 个。

现在，分析一下你在练习 4 中写下的词语和短语，以及它们的排序。你标上 1 的那个答案最能代表真正的你的核心品质。剩下的答案是组成"真实"的你的重要因素，但是根据排名它们代表着你越来越表面的特征。

寻找真正的自我

李·加登斯沃兹（Lee Gardenswartz）和安尼塔·罗（Anita Rowe）在他们的著作中（1994）讨论多样性时指出，每个个体都具备四个方面的特征，从最表面的方面到最核心的方面分别是：

- 组织方面，这包括工作类型、部门、资历和所属联盟等。
- 外在方面，这包括个人习惯、娱乐活动、宗教信仰和外表等。
- 内在方面，这包括年龄、种族、种族特点、身体能力和性别等。
- 性格方面，这包括所有可以被称为个人风格的方面和倾向。

在回答"你是谁"这个问题时，常从李·加登斯沃兹和安尼塔·罗提出的这四个方面中较表面的方面做出回答。也就是说，常回答我们做什么，而不是回答我们是什么。回顾你在练习 4 中的回答。你是否在回答问题时列出一些你的职业方面的特征，或者写下你扮演的角色？如果是这样，那么请用那些能够表示"我是谁"的词语或短语来代替"我做什么"这些展现表面特征的词语或短语。

例如，如果你将自己描述为一个工业工程师、社团领导、行政者或保健医师，那么在这些组织角色的背后是什么？在这些"我做什么"背后的"我是谁"是否能够系统地解决问题？也许你会从外在方面做出回答，然后你会认为自己是一个美国中西部人或基督教徒。如果是这样，这能告诉人们关于你的哪些方面？是否"我做什么"背后的"我是谁"——一个美国中西部人——暗示着你以一种现实的方式看待生活？或者，也许你从内在方面做出回答，如"我是一个男人"，或者"我是在婴儿潮时期出生的人"，或者"我是一个波兰裔美国人"。如果你列出自己的种族身份，这是否意味着"我是谁"背后的核心因素是成为一个骄傲、忠诚的人？

为了做真正的自己，你需要了解自己。你需要了解隐藏在身体里，以及你在生活中扮演的个人角色和职业角色背后的"我是谁"。关于真正的你，练习 4 让你了解了哪些方面？如果有人建议你，只要做你自己就可以了，这些词语是否能够帮助你了解自己该如何表现？"做真正的自己"说起来容易，做起来难。每个人都是几个层面的特征混合体。为了更加自然地做出改变，你需要知道更多自己的核心层面，也就是你的性格。

描述你的性格类型

要想使用你性格中的优点，你需要学习如何更加系统地描述自己。瑞士心理学家卡尔·荣格（Carl Jung）在 19 世纪 20 年代提出一种人格理论框架，之后，伊莎贝尔（Isabel）和她的母亲凯瑟琳·库克·布里格斯（Katharine Cook Briggs）深入研究，发展出迈尔斯-布里格斯人格类型测验（Myers-Briggs Type Indicator，MBTI）。其框架主要基于以下设想：

- 每个个体的性格类型都是由他在四个维度上的偏好决定的。

- 无论落在偏好的哪边，都没有优劣之分；相反，它们是相辅相成的。
- 人们往往更倾向于偏好的某一边，但是往往对偏好的两边都有某种程度的使用。就像你天生是个左撇子，而你在需要的时候也会使用右手——只是没有那么自然和舒服而已。
- 充分发展性格的关键是充分利用你的偏好，同时又能够接受——甚至庆祝——他人与你相反的偏好，而不是试图面面俱到或坚持所有人应该与你有着同样的偏好。

MBTI 的人格类型分为四个维度，每个维度有两个方向，共计八个偏好，如表 3-1 所示。

表 3-1　MBTI 中的八个偏好

偏　好	偏　好
E　外向 关注自己如何影响外部环境：将心理能量和注意力聚集于外部世界和与他人的交往上。例如，聚会、讨论、聊天	I　内向 关注外部环境变化对自己的影响：将心理能量和注意力聚集于内部世界，注重自己的内心体验。例如，独立思考，阅读图书，避免成为注意的焦点，倾听多于说话
S　感觉 　关注由感觉器官获取的具体信息：看到的、听到的、闻到的、尝到的、触摸到的事物。例如，关注细节，喜欢描述，喜欢使用和琢磨已知的技能	N　直觉 　关注事物的整体和发展变化趋势：灵感、预测、暗示和重视推理。例如，重视想象力和独创力，喜欢学习新技能，但容易厌倦，喜欢使用比喻，跳跃性地展现事实
T　思维 　重视事物之间的逻辑关系，喜欢通过客观分析做出决定评价。例如，理智、客观、公正，认为圆滑比坦率更重要	F　情感 　以自己和他人的感受为重，将价值观作为判定标准。例如，有同情心，善良，和睦，善解人意，考虑行为对他人情感的影响，认为圆滑和坦率同样重要

续表

偏　好	偏　好
J　判断 　喜欢做计划和决定，愿意进行管理和控制，希望生活井然有序。例如，重视结果（重点在于完成任务），制订计划，有条理，尊重时间期限，喜欢做决定	P　知觉 　灵活，试图去理解、适应环境，倾向于留有余地，喜欢宽松自由的生活方式。例如，重视过程，随信息的变化不断调整目标，喜欢有多种选择

　　资料来源：改编自伊莎贝尔·布里格斯·迈尔斯（Isabel Briggs Myers）、玛丽·麦考利（Mary McCaulley）、内奥米·李·昆克（Naomi L. Quenk）和艾伦·哈默（Allen H. Hammer）的《MBTI 手册（第 3 版）》（*MBTI® Manual, 3rd ed*），经授权同意使用。

　　无论偏好哪方，都对工作和人际关系有益。虽然性格类型更多的是一种天性——不是一种能力，也不是具体的行为——但只要你善于利用自己天性中的优势，就能更好地做出改变。了解自身的天性，能够在你制订计划和做出改变时，给你一种优势。

　　在 MBTI 中，第一个维度，即外向–内向（E-I）维度，代表个人不同的精力来源。外向型的个体更倾向于外部世界，将精力指向外部世界，并且从外部世界中获得精力。内向型的个体则更倾向于内部世界，在内部世界中获得支持并看重发生的时间的概念、意义等。

　　第二个维度，即感觉–直觉（S-N）维度，表示个体在收集信息时注意的指向。感觉型的个体倾向于接受能够衡量或有证据的任何事物，关注真实而有形的事情。直觉型的个体看到一个环境就想知道它的含义和结果可能如何。

　　第三个维度，即思维–情感（T-F）维度。该维度用于表示个体在做决定时采用什么系统，即做决定和下结论的方法，是客观的逻辑推理还是主观的情感和价值。思维型的个体通过对情境的客观的、非个人的逻辑分析来做决定，他们注重因果关系并寻求事实的客观尺度。情感型的个体了解自己的价值与信念，并且期望自己的情感与他人保持一致。他们往往更讨人喜欢，除非他们的价值观受到威胁。

迈尔斯和布里格斯增加了第四个维度，即判断–知觉（J-P）维度，用以描述个体的生活方式。判断型个体倾向以一种有序的、有计划的方式对其生活加以控制。而知觉型个体偏好于知觉经验，他们不断地收集信息以使其生活保持弹性和自然。他们努力使事件保持开放性。

总之，个性的四维八种特征，彼此组合构成了 16 种性格类型，如表 3-2 所示。有关这 16 种性格类型的更多信息，感兴趣的读者不妨先阅读一下伊莎贝尔·布里格斯·迈尔斯的《性格类型简介》（*Introduction to Type*®）（1998）。

表 3-2　16 种性格类型的性格特征简述

ISTJ	ISFJ
严肃、冷静，通过专注和细致而赢得成功。实践能力很强，关注现实，有责任感。擅长对当前要做的事进行逻辑分析，并立即动手去做，且希望不受打扰。凡事井井有条，包括工作、家庭、生活等均井然有序。尊重传统，具有很高的忠诚度	冷静、友善，有责任，尽职尽责，恪守自己的承诺和义务。细致、刻苦，喜欢精确。忠诚、体贴，善于记取对于他们来说重要的人的特点。关心别人的感觉。努力在工作和生活中维持与他人的和谐关系
ISTP	ISFP
灵活、冷静的观察者。当问题出现时，能迅速地找到解决办法。喜欢分析事情的原因，善于从复杂的资料中找到问题的症结。对事情的因果关系和相互影响感兴趣，	冷静、友善、敏感，关注当前及周围的事情。喜欢拥有自己独特的时间和空间架构。对自己内心的价值观及他们觉得很重要的人忠诚度很高，并愿意付出承诺。力

续表

善于用逻辑的方法组织资料和信息，看重工作效率	图避免冲突和争吵，因此从不把自己的意见和价值观强加于人
ESTP 　灵活，注重工作实效性，喜欢看到即时的结果。对理论和抽象的事物可能感到厌烦，只喜欢积极行动去解决问题。关注眼前的现实，随机应变。享受每个可以和他人互动的时刻。喜欢物质享受	**ESFP** 　外向、随和、包容。对生活充满热情，享受物质生活。喜欢和他人一起参与事情。善于在工作中运用自己丰富的常识，从中找出现实可行的办法，并享受工作的过程。灵活，随机应变。善于适应新的环境和人群。和他人一起尝试新的工作方法和技巧，对他们来说是很好的学习方式
ESTJ 　果断，有决断力。善于做决定并推动执行。擅长组织人员和其他资源，并尽可能以最有效率的方式行事。关注日常细节，凡事都有自己的逻辑标准，以这些标准严格要求自己，同时希望别人和自己一样遵守。在推行自己的计划时显得比较强硬	**ESFJ** 　热心，有高度责任感，具有合作精神。喜欢并努力创建和谐的氛围。喜欢和别人一起合作，准时精确地完成交付的任务。擅长关注哪怕微小的细节。关注并努力满足他人在日常生活中的需要。喜欢听到别人的认同和赞赏
INFJ 　喜欢探求理论和物质世界背后及事物之间的联系和意义。习惯尝试去了解别人的动机，具有良好的观察别人的能力。恪守自己的价值观，并为此做出承诺。具有为大众福祉服务的清晰信念。在实践自己的信念时，果断而富有组织性	**INTJ** 　具有独创的思想和强烈的动机去达到自己的目标。对于外界的事物，他们很快就能发现其中的规律，并提出富有远见的观点和方法。一旦做出承诺，他们很善于组织工作并付诸实践。他们习惯对事物持怀疑态度，性格独立，不论是对自己还是对他人都用很高的标准去要求

INFP	INTP
理想主义者，忠诚于自己内心的信念及他们认为重要的人物。希望外在生活形态与内在价值观相吻合。好奇心十足，能够很快找出解决问题的各种可能性。喜欢了解并帮助周围的人发掘潜力。适应性强，个性灵活。除非自己的价值观受到挑战，否则具有极强的包容力	对自己感兴趣的事物，他们总能找到一种合乎逻辑的解释。喜欢理论和科学事理。对于内心理念的兴趣远远大于社会活动。冷静、内敛、灵活，适应性强。在深层思考解决问题的方法上具有独特的能力。喜欢怀疑一切，爱批评人，但只是基于逻辑分析的角度
ENFP	ENTP
热情洋溢，富有想象力。认为生活充满可能性。能够很快地把事情和收集到的信息联系起来，从中找到规律和解决问题的办法。需要得到别人的肯定，也喜欢表达对别人的欣赏和支持。具有很强的随机应变能力，喜欢依靠自己即兴发挥的能力和口头表达能力去解决问题	头脑灵活敏捷，具有创造才能，机警，坦率直言。善于利用种种资源去解决新出现或富有挑战性的问题。善于探索理论上解决问题的各种可能性，并进行战略性的分析。善于观察他人。容易对日常常规工作感到厌烦，几乎不愿意用同样的方式去完成同样的事情
ENFJ	ENTJ
热情、忠诚，富有同情心和责任感，积极回应他人的想法、情感和需求。善于发现并协助他人发挥潜力。在个人和团队成长中习惯扮演"催化剂"的角色。对表扬和批评都做出积极的回应、合群。善于推动和激励团队里的其他人，有将帅才能	坦率、果断，很容易扮演领导者的角色。善于发现事情中不合逻辑和效率不足的部分，并制定和实施全面的系统和措施去解决组织中的问题。喜欢设定长期目标和长远计划。善于收集信息，喜欢阅读和提升自己的知识并传达给其他人。有时表达自己的观点时显得很强硬

资料来源：改编自伊莎贝尔·布里格斯·迈尔斯、琳达·科比（Linda K. Kirby）和凯瑟琳·迈尔斯（Katharine D. Myers）的《性格类型简介》（*Introduction to Type*®），经授权同意使用。

了解你的性格类型

现在, 看看你那了不起而又复杂的性格类型, 看看它属于 16 种性格类型中的哪种。这 16 种性格类型可以用四个字母表示, 分别是 ISTJ、ISFJ、INFJ、INTJ、ISTP、ISFP、INFP、INTP、ESTP、ESFP、ENFP、ENTP、ESTJ、ESFJ、ENFJ 和 ENTJ。其中, I—内向, E—外向, S—感觉, N—直觉, T—思维, F—情感, J—判断, P—知觉。

了解你的性格类型能够使你更加清楚自己到底是谁。无论你之前是否做过 MBTI 测评, 练习 5 都能够为你提供一种简便的方法。记住, 没有什么能够代替真实的测评和专业的解释。你可以进行咨询。或者, 你可以进行网上 MBTI 测评, 这样你可以根据自己的节奏进行全面的测评, 以了解自己的偏好和性格类型。

📝 练习 5　快速评估你的性格类型偏好

在下面的每组维度中, 看看哪种描述最符合你在不同情况下的表现, 并在相应的偏好选项上画圆圈。

外向 (E) 或内向 (I)

1. 你是否更加关注外部世界, 将注意力聚焦于外部的人和事物上? (E)

   或者, 你是否更加关注内心世界, 注重自己的内心体验? (I)

2. 你是否先行动, 然后 (可能) 再做出思考? (E)

   或者, 你是否先思考, 然后 (可能) 再做出行动? (I)

3. 你是否经常发现自己自言自语？（E）

    或者，你是否发现自己在开口说话前会想很多？（I）

4. 你是否发现自己通过与他人接触获得巨大能量？（E）

    或者，你是否发现与他人接触会耗光你的精力，因此你需要一段时间的休息？（I）

5. 你是否有广泛的爱好？（E）

    或者，你有少数且深入的爱好？（I）

6. 你是否认为自己人缘广，能够轻松地与他人见面、交谈？（E）

    或者，你是否在朋友和泛泛之交的人之间划出明显的界限，并且有的时候难以与他人交谈？（I）

7. 你是否非常关注发生在自己周围的事情，并且不介意被打扰？（E）

    或者，你讨厌被打扰，并且更喜欢独处？（I）

8. 你是否非常乐意将自己的想法和感觉与他人分享？（E）

    或者，你只有在被他人问起时，才会分享自己的想法与感觉？（I）

9. 你是否主要通过实践和讨论来学习？（E）

    或者，你主要通过思考和"思想实践"来学习？（I）

你选择 E 的次数=_____

你选择 I 的次数=_____

感觉（S）或直觉（N）

1. 你是否对某种情况的事实更加感兴趣？（S）

    或者，你是否对某种情况的可能性更加感兴趣？（N）

2. 你是否关注事情的细节？（S）

　或者，你是否留意事情的规律？（N）

3. 你是否对日常工作更有耐性？（S）

　或者，你是否对复杂工作更感兴趣？（N）

4. 是否人们对你的评价更多的是理智、现实、实事求是和务实？
（S）

　或者，人们对你的评价更多的是具有想象力、创新和理想主义？
（N）

5. 你是否更关注当下，非常留意现在发生的事情？（S）

　或者，你是否更加注意未来，不停地想象未来会是怎样的？
（N）

6. 你是否不相信自己的直觉，并且试图通过谨慎、按部就班的
方式来做出证明？（S）

　或者，当你的直觉告诉你答案时，你愿意忽视一些事实，跟
着感觉走？（N）

7. 你是否认为自己很有见识，并且愿意和那些也很有见识的人
在一起？（S）

　或者，你是否认为自己具有创造力，并且愿意和那些也很有
创造力的人在一起？（N）

8. 你是否发现自己只对他人话语中的表面意义做出回应？（S）

　或者，你是否试图了解他人话语中隐藏的意义？（N）

9. 你是否认为实际的经验是学习的最好方式？（S）

　或者，你是否认为学习来自灵感和思想？（N）

你选择 S 的次数=_____

你选择 N 的次数=_____

思维（T）或情感（F）

1. 你是否更喜欢使用因果逻辑来得出结论？（T）

    或者，你是否更愿意用自己的价值观和信念来得出结论？（F）

2. 你是否觉得应该客观，觉得事物不是错的就是对的？（T）

    或者，你是否会先判定自己赞同与否，因此也就更加主观？（F）

3. 你是否会在不经意间变得客观？（T）

    或者，你会表现得非常友好，除非你的价值观受到挑战？（F）

4. 你是否善于分析，对事物抱有怀疑的态度？（T）

    或者，你是否容易轻信别人，也许还有点过度包容？（F）

5. 你是否更喜欢真相而不是事实，因此有时会直截了当地表达自己的观点？（T）

    或者，你是否更喜欢事实而不是真相，因此不会做出消极的评论？（F）

6. 你是否欣赏激烈的辩论，因为这样能展现出问题的两面性？（T）

    或者，你是否讨厌，甚至害怕冲突，并且试图让事物保持和谐？（F）

7. 你是否认为公正意味着平等地对待每个人？（T）

    或者，你是否认为公正意味着根据人们的不同需要区别对待？（F）

8. 你是否认为要好好工作，无论是自己还是他人？（T）

　　或者，你是否乐于赞扬他人，并且也想得到别人的赞扬？（F）

9. 你是否更加注意表现出理性，并且专注于任务？（T）

　　或者，你是否更加注意表现出富有同情心，并且专注于人际
　　关系？（F）

你选择 **T** 的次数=＿＿＿＿＿＿＿＿＿

你选择 **F** 的次数=＿＿＿＿＿＿＿＿＿

判断（J）或知觉（P）

1. 你是否更愿意制订计划和限制？（J）

　　或者，你是否更愿意试图去理解？（P）

2. 任务的完成是否给你带来最大的快乐？（J）

　　或者，开始一项任务是否能够给你带来最大的快乐？（P）

3. 你是否果断、有目标？（J）

　　或者，你是否更加灵活？（P）

4. 你是否喜欢做决定？（J）

　　或者，你是否喜欢有各种选择？（P）

5. 你是否喜欢计划性和有序性？（J）

　　或者，你是否喜欢随意性？（P）

6. 你是否喜欢制订计划，然后根据计划做事？（J）

　　或者，你是否喜欢在事情发生的时候再想办法应对？（P）

7. 你是否喜欢事先做好决定，然后坚持这些决定？（J）

　　或者，你是否喜欢有多样的选择？（P）

8. 你是否认真对待最后期限，然后尽早完成事情来避免最后时刻带来的压力？（J）

   或者，你是否将最后期限看成一种刺激，在最后时刻会充满精力？（P）

9. 你是否不需要信息，然后迅速做出决定？（J）

   或者，你是否收集大量信息，而你可能并不需要这么多信息？（P）

   你选择 **J** 的次数=_____

   你选择 **P** 的次数=_____

决定你的性格类型

分别从以上每个维度中将选择次数较多的偏好选出来，然后形成你的四个字母性格类型（例如，如果你选择了 6 个 E 和 3 个 I，你就在下面"E 或 I"这一行的上方写上 E）。

E 或 I   S 或 N   T 或 F   J 或 P

利用附录 A 中的四个表格帮助你识别最符合自己的性格类型。

无论你使用何种方式了解自己的性格类型，你都需要了解自己最接近哪种类型。MBTI 的施测师能够提供相关的帮助。MBTI 测试标准版也包括类似的练习。本书后的附录 A 也能够帮助你了解自己最接近的类型。

四种核心的性格类型

两组中间的维度——感觉—直觉（S-N）和思维—情感（T-F）——是你的性格中的主要和辅助功能：真正的你的核心部分及支撑那一功能的辅助部分。这两者两两组合也就构成了核心性格类型——也就是本书的核心部分。四种可能的组合分别是 ST、SF、NF 和 NT。了解你的核心性格类型有助于你利用自己的优势来做出改变。贯穿本书的四种核心性格类型如下所示：

- 稳定者（ST）——倾向于实事求是的态度，重视常识性知识。在他们心中，他们往往重视了解事实和事物的逻辑。
- 协调者（SF）——这类人表现为非常善于社交，并且很友好。在他们心中，他们通常重视人际关系。
- 有感染力者（NF）——善于沟通，为他人争取利益。在他们心中，他们往往想要激励别人去做正确的事。
- 远见卓识者（NT）——具有远见。在他们心中，他们通常想为未来勾画一幅蓝图或制定一个体系。

工作中的四种核心性格类型

传统上，人们在工作时，往往要求其行为和举动与工作职位相符。但是，在过去的 30 多年里，越来越多的人强调要更好地利用人们的潜能。例如，员工参与度、工作丰富化和自我管理团队等术语在美国、日本和欧洲等工作场所的使用越来越频繁。工作的定义不再那么狭隘，而且，在很多公司，员工开始承担更多的责任。这些战略对公司的发展和员工的士气都有积极的影响。虽然还是有一些公司更关注员工犯了什么错误，而不是员工做出了什么样的改变，但在《财富》1 000 强公司中，有 90% 的企业为其员工提供机会，让员工做出改变。大卫·库柏里德（David Cooperrider）和苏若·史力维斯亚（Suresh Srivastra）在 1987 年的研究显示，专注于员工的贡献而不是专注于分析员工犯过的错误对企业的变化更具有价值。同时，詹姆斯·奥图尔（James O'Toole）和爱德华·劳勒（Edward Lawler）等曾提出，做出改变使员工更容易对工作生活感到满意，可以提高工作效率，并且使员工感到开心、有意义，还有一种参与感，也就是马丁·塞利格曼（Martin Seligman）于 2004 年在其心理学著作《真实的幸福》中提出的三个幸福层次。

附录 B 是"你在工作中的核心性格类型"。其中列出了新的练习，用以观察你的性格类型偏好。它只关注四种核心性格类型，以及你的性格如何在工作中表现出来。如果你尤其想在工作中发现其他途径以做出改变，那么现在就翻到附录 B，完成相关练习。你可以翻到附录 A，来进一步确认最接近你的性格类型。

有意识地生活

在某种程度上，所有人都是具有某种习惯的高级动物。习惯能够帮助人们以一种舒适的方式解决自己在工作或日常生活中的问题。但是，如果人们的习惯限制了自己的能力，使自己不能做出选择，改变自己和他人的生活，那么人们就不会有更多的机会来做出改变。如果人们的习惯只是用来消遣时光，那么人们就会失去宝贵的东西。毕竟，人生是短暂的！你有多少时间是用来消遣的？马修·李卡德（Matthieu Ricard）指出，人们可以让生活充满活力，而不是无所事事地虚度光阴。你是否做好准备，让自己更加有意识地生活以做出改变？没有人能够控制一切，但是人们能够了解自己的生活方式，然后对所做的决定负责。这就是指导领导者在工作中的行为的几个著名方式的核心，如马库斯·白金汉（Marcus Buckingham）的《活用你的工作天才》（2007），罗杰·皮尔曼（Roger Pearman）的《利用心理类型提高领导效率》（1999），以及桑德拉·赫什（Sandra Hirsh）和简·基思（Jane Kise）合著的《性格类型简介及指导》（2000）；另外，还有指导人们处理人际关系的著作，如威廉·格拉瑟（William Glasser）的《选择理论》（1998），以及阿尔伯特·艾利斯（Albert Ellis）和罗伯特·哈珀（Robert Harper）合著的《如何理性生活》（1974）。

　　如果在本周，你不再将自己及自己所处的环境看成理所当然，而且计划为他人做出改变，那么会发生怎样的情况呢？如果在下周、下下周，甚至在以后的时间里，你一直重复这么做，直到把它变成一种习惯，那么又会发生怎样的情况呢？亚里士多德曾说："我们养成习惯，习惯造就我们。"你能够利用自己核心的性格特征，为世界做出贡献。伊莎贝尔·布里格斯·迈尔斯在她的书《天资差异》中利用 MBTI 列出了不同的天资。用你的天赋为其他人服务对你而言是一种怎样的责任？进一步发展你的天赋又是一种怎样的责任？第 4～7 章提供了多种方式来帮助你进一步利用自己的天资。

　　要做出改变，关键是要有意识地生活，而这又需要你成为自己。事实上，你越不能依从内心处理事情，你就越不能成为真正的自己。内奥米·斯隆克（Naomi Quenk）在其著作《有若疯狂》（1993 年；于 2002 年更名为《那是我吗》）中指出，在压力的环境下，人们性格中那些发展得最不全面、最没有意识的部分，会使人们在工作和人际关系中面临许多困难。

当然，事情并不是人们想让它发生，它就会发生的，或者，人们并不能够通过有意识地生活，来阻止一切不愉快的事情发生。事实上，一个关于"基本归因误差"的著名研究（见凯利和维纳分别在 1975 年和 1985 年提出的理论）指出，人们的行为与其说是性格的表现，不如说是对环境反应的一个功能。性格类型，尤其是在 MBTI 中指出的那些性格类型，只是抓住了个人的自然偏好——而这些可能会，也可能不会通过行为表现出来。如果你需要有意识地生活，或者至少在那些当你的偏好能够使你做出改变的环境下，你需要做些什么？你是否做好准备，使其不仅是你的习惯？你是否做好准备不再仅对环境做出反应？又或者你是否做好准备不再局限于自己的性格类型结果，而是开始真正利用你性格中的优势？这都取决于你。你现在正在做的，是不是一件有意义的事？是否能够让自己和他人更加幸福和富足？卡尔·荣格（1955）说："只要有意义，再卑微的事情都比那些没有意义的最伟大的事情了不起。"

利用你的性格类型

在某一周里，你会在何种程度上利用自己天性中的优势及自己的性格？白金汉（2000）的研究数据表明，只有 20% 的人感到他们每天都能把自己的优势运用于工作当中，而只有 17% 的人感到他们在大部分的工作时间里能够运用自己的优势。如果你在某一周里，比平时多运用 10% 的优势，结果会如何? 在你清醒的时间里，你不必时时都有意识地利用自己性格中的优势；你要做的，只是在自己现在的状态下，有意识地多用一点。

在练习 1 和练习 2 中，你已经认识到自己在工作和人际关系中曾做出改变。现在，你要将学到的关于真正的自己的知识加以运用，并且试图想出更多的办法做出改变。

后面的四章分别讲述具有某种核心性格类型的个人——稳定者、协调者、有感染力者和远见卓识者——如何利用他们的性格偏好来做出改变。你可能通读这四章，不过请你注意关于你的性格类型的那一章。

第 2 篇

用你的性格做出改变

本篇中的四章分别阐述四种核心性格类型：稳定者（ST）、协调者（SF）、有感染力者（NF）和远见卓识者（NT）。你现在可能想要看看关于自己的核心性格类型的那一章来帮助自己进一步确定个人的自我评价。或者，你可能想要看一看你所帮助的人所属的核心性格类型的那一章。这也许能够使你更好地了解这些人，并且帮助他们在工作和人际关系中做出改变。又或者，因为在某种程度上，人们都带有每种核心性格类型的某些特征，因此，你可能想要通读这四章，以发现新的方式来做出改变。

每章的开头都利用针对受试对象的"侦查报告"来了解某个特定的核心性格类型。之后，对这群人的性格做出更加详细的描述。每章最主要的部分——有着该核心性格类型的受试对象讲述的一系列真实故事及他们如何在工作和人际关系中做出改变——通过该类型中关键的主题组织起来。

你需要重视从对某个核心类型的趋势的描述中所获得的思想，尤其是人们为做出改变所使用的策略和方法。第 8 章会要求你提高自己在工作和人际关系中做出改变的频率。也许，你能够从别人的经历中学到很多东西。

无论属于哪种核心性格类型的人，都能够在工作和人际关系中做出很大的贡献。尤其是，你可以通过利用自己性格中的优点来做出改变。只有当你做真实的自己时，这些偏好才可能发挥作用。但是，没有任何人能够在任何情况下对自己的偏好做出完全准确的判断。

关于本次研究的一些说明

2003—2008 年，作者做了一系列研究，并三次在国际心理类型联合会举办的一年两次的会议上做出相关的研究报告。本书涵盖了这些研究的所有精华部分。

在研究中，作者通过各种方式招募了 500 名研究对象。其中一些是 ATP 会议的国际心理类型联合会的参会者；一些是组织成员，作者曾在该组织工作过；另一些是研究生或参加过作者课程的本科生。这些受试对象每人都完成了一份冗长的问卷调查，并且被要求回答最适合他们的 MBTI 性格类型。该问卷调查还设置了开放性问题，询问他们何时在工作中、人际关系上及社团中做出改变。大部分受试对象还完成了一部分固定格式的问题，要求他们对自己在做出改变时所使用的策略和方法进行排序。

然后，一组研究生阅读了他人讲述的所有 1 500 多篇故事。接着，他们为那些"无法确定类型"的故事辨认主题，也就是说，他们只能够接触问卷调查的笔试部分，而无法接触故事的讲述者。在他们做了大量的讨论以对故事的主题形成一致意见后，那些原先无法归类的故事也得到了相对合理的分类。这个——以及之后对固定格式的问卷调查的分析——也就是关于第 4~7 章中的主题原先是如何产生的。一些主题得到进一步确认，进一步提高了本书的可读性。

作者希望，本书能够结合两个世界的精华部分：系统研究的过程和对该结果的实际指导；作者也希望，本书能够帮助读者将理论应用于实际，使读者能够真正地利用他们的性格类型来做出改变。

第4章
"稳定者"如何做出改变

那些偏好感觉和思维的人往往非常客观，并且拥有和欣赏常识。本书将 ST 类型的人称为"稳定者"。如果你已经通过四字母类型确定了自己是一个"稳定者"，那你要非常仔细地阅读本章了。你也可能希望通过阅读本章来了解具有该核心性格特征的人。

首先从针对这类人的"侦查报告"开始，然后对他们的性格特征进行更详细的描述，并列出他们在研究报告中展现的其他性格特征。

针对稳定者的"侦查报告"

稳定者往往：

- 务实、客观。
- 具有且欣赏常识。
- 具有竞争力，效率高。
- 一步一步地解决问题，逐渐进步。
- 喜欢具体和细节的结构、角色、程序和格式。

- 在修理物品前需要确认东西已经坏了。

- 担忧最坏的情况。

- 使用经过证实的方法。

- 用理性的方式关注现实。

- 注意细节和逻辑。

总之,稳定者常常通过以下方式做出改变:

- 在工作上,他们会把复杂问题分解成一系列步骤,从而得到实际的结果。

- 在人际关系上,他们通过提供一种客观的方式,来帮助人们用独立、冷静及不那么有压力的方式解决情感问题。

关于稳定者的更多细节

读者需要记住的是,以下对稳定者的描述只反映一般特征,并不适用于所有偏好感觉和思维的人。同时,具备其他三种核心性格特征的人也可能发现他们拥有本章描述的一些特征,这是因为环境和性格偏好共同影响行为。不过,从整体而言,这些描述能够帮助你了解稳定者核心的性格特征。

稳定者通常对事实和细节非常感兴趣。他们关注手头的任务,并且以一种客观、逻辑的方式分析情况。他们尤其务实和客观。他们常常利用自己的专长,通过各种方式做出改变。他们的优势有助于他们进入行政职位,这样他们能够以一种常规、有序的方式经营商业。他们喜欢有效率的人和组织。他们可能喜欢通过表格式的报告来了解某个处境，然后以理性的方式得出一种结论，而不需要不停地与一大群人开冗长的会议。

稳定者在明确、有序的环境中最能够学到东西。他们最主要的兴趣在于那些能够通过感觉（如视觉、听觉和触觉等）证实和收集的事实。他们通过逻辑和线性的因果分析方式来得出结论。他们想以客观的方式解决个人问题，并且会拒绝大多形式的个人咨询。他们往往采用行为修正的方式，来帮助他人逐渐取得进步。

稳定者对企业的领导，往往是通过使用或支持那些详细、现实、稳定的战略来实现的。他们追求现实、实际和经济的目标。他们希望能够详细记载事实，做事一步一步地来。他们可能更加关注微观问题，而不是宏观问题。他们希望组织的结构具有逻辑性，有多种清晰的途径用以交流，并且利用制约和平衡来减少风险。他们关注工作环境中的物理特征，关注实际。他们喜欢细节性的工作，并且他们比其他类型的人更喜欢（或至少能够生存在）官僚制度。他们设定或支持明确的商业程序及方式。他们喜欢表格式的报告，并且在做出决定前依赖于大量的数据和经验。

稳定者的领导类型是值得依赖的、现实的、公平的，并且关注细节和事实。他们制订计划，并且遵从这些计划。他们看起来直率、果断。他们奖励服从，但同时需要他人对自己的行为负责。他们往往雇用那些能够很好地遵守制度，并且拥有常识的人。他们能够很好地完成日常事务，并且期待高效的会议和报告。

在团队中，稳定者重视那些帮助团队管理支出、计划和数据的人。他们想要通过被证实的方式来提高表现，并且解决产生的问题。他们想要团队关注现在，而对那些构想未来的相关会议并没有那么重视。对于那些不能产生即时的实际效果的练习或活动，他们似乎并没有特别大的兴趣。

稳定者重视稳定性、可依赖性、有序性、实际性、公平性、诚实、客观性、竞争性和安全性。他们可能是对下属做事要求严厉的主管。他们喜欢让一切事物都在掌控之中。他们讨厌那些不守规矩的人，也不喜欢处理不确定的事。他们可能错误地将策略看成一种结果，而不是一种方式，可能过于保护自己免受困难，可能过于客观，过于依赖数字来做出决定，并且会忘记表扬他人。他们非常善于考虑确定的事情。只有在确定某物坏了之后，他们才会相信有必要做出改变。他们想要知道得到的具体好处，并且可能问很多问题。

稳定者能够通过各种了不起的方式在工作中做出贡献，并且他们会用同样的方式来对待人际关系。也许他们比其他任何类型的人都更加客观地展示出"你可以依赖我"这种态度。他们帮助他人关注现实，同时客观地解决问题，甚至一些感情问题，然后按照计划一步步地执行。他们对公平的认识使他们能够平等地对待每个人。这些就是帮助他人一步步渡过难关的可靠、实际、逻辑性强的问题解决者。

稳定者之间的差别

不是所有的稳定者都是一样的。例如，偏好外向和判断的稳定者（ESTJ）往往用一种负责任的姿态来解决问题。另外，他们喜欢详细、有序的方式，这种方式能够更加清晰地表明某人何时在做某事；而 ESTP 类型的人往往会先做一些事，看看事情会怎样发展。内向的稳定者（IST）躲在幕后谨慎地做事，他们能够提供有益于制订计划的大量事实。偏好知觉的内向稳定者（ISTP）通过给出大量的选择来提供解决办法。

稳定者在工作中做出的改变

当稳定者利用自身性格的优势时，他们会在工作中做出怎样的改变？下面的每个主题都代表了研究中的稳定者所表现出的性格特征。每个主题都以故事形式呈现，这些故事由参与者撰写，并且在每个故事的结尾都会附上故事讲述者的四字母性格类型代码。

主题一：简化事情

稳定者可以利用他们的天性偏好来制定次序，安排短期的计划和目标，从而做出改变。尤其是 STJ 类型的人常常试图说清期望，使事情变得简单，并且程序标准化。很多工作场所在执行某个活动或其他行动时，正是从他们的这些能力中受益的。

我在一家工程公司工作。该公司为车赛提供赛道。公司里的工程师感到巨大的压力。我提供了所有的安排，以及有关赛道的进度，使他们能够按时完成工作。同时，我还了解了有关赛程的最新变化。后来，我发明了一个简单的办法来解决他们的问题，并且缓解他们的压力。我制作了一个金属卡片，上面包括所有的赛道要求和赛程变化。因此，工程师们对一整年的计划更加清楚，而且他们可以将此戴在脖子上。（ESTJ）

当我还在市运动员部门工作时，我在为小联盟棒球赛安排比赛的时候遇到了问题。我们没有时间将这些比赛包括在内，因此我想出了一个简单可行的办法。我的计划就是把所有的赛事放在某个特定的周末，这样所有的球队和裁判都有时间了。然后我计划了这些比赛。如果哪支球队没有出现，那么它就要被罚。（ESTJ）

我曾经要重新找一个苗圃。新找的这个苗圃不仅更加容易照料植物，而且最容易售出植物。那年是我赚得最多的一年。（ISTP）

作为一名汽车工程师，我帮助男性机械师更好地了解女性驾驶员/客户提出的汽车问题，也就是说，我仅仅是将"女性语言"转化为"男性语言"。（ESTJ）

主题二：动手做事

稳定者是现实的。STJ 类型的人尤其会努力争取那些可以测量的结果，如费用的节省、生产力和利润等。他们想要高效地完成任务和会议。他们能够帮助团队在期限内完成任务，并且节约时间和金钱。

我在一家电话公司工作，并且被派去整理一个巨大的商业账户的发票。我需要整理 2 000 张发票。当我开始时，当年的余额为 80 万美元。在五个月里，我成功地发放了贷款，并且完成了付款。这在工作上做出了改变，因为这是公司首次在发票发行时，在一年之内就将发票整理好。（ESTJ）

我是一名技术培训师。当我正在参加培训，了解更多有关银行的信息时，我看到了内联网的必要性。分行利用 21 种方式提交报告。信息主要通过纸张传递。我一边履行自己的职责，一边自行在闲暇时间建立内联网。这在后来帮助每个人都节省了纸张的费用，减少了工作流程，使事情变得更加容易。（ESTJ）

做了三年的救生员之后，我想我的救生员生涯已经结束了。我在大一和大二的时候，受雇于一家公司。我对这份工作很满意，因为工资很高。在我工作的第一个星期，我完全不知道我将拯救我的领班的生命。当时，我们刚挖掘好一座公寓地下室的地沟。当我们正准备用水泥填充时，我听到了尖叫声。我转过头，正好看见我的领班鲁斯图一头栽在水泥车刚倒出来的深约8英尺的水泥中。我在救生员职业中受到的训练立刻起了作用，我马上跑过去救起我的领班。这不像在游泳池中那样，我需要用尽力气将我那重达250磅的老板拉出水泥。（ISTJ）

主题三：一步一个脚印

稳定者一般并不介意通过不断摸索来学习经验教训。他们在完全相信某个系统前，会叫他人先进行测试。他们也鼓励缓慢但稳定的进步，通过保证他人不会一下子做得太多太快来做出改变。

在过去的五年里，我一直在人力资源部工作。在过去的一年里，我在一家汽车制造厂工作。该工厂有500多名不同背景的员工。当我刚在那儿工作时，我曾经犹豫过。该人力资源部的职员流动率很高。我所做的，不仅要对管理层有利，还要对员工有利。当小时工在工厂里见到新面孔时，我就成了一大群人憎恶的对象。我决定做一些事向大家表明，我是可以依赖的。员工大多数是黑人，而他们仅仅把我看成领薪水的"白人女孩"。不过，在几个月里，人们对我的印象就发生了改变。没有多少白领（包括人力资源部的员工）会去基层生产现场。我开始每天三个班次都会去现场看一看，看一看员工们怎么样，并且回答他们提出的任何问题。人们对我的敌视消失了，一些员工问我是如何做到的。其中一些一开始让我非常难堪的小时工现在正希望我不要辞去目前的工作。(ESTJ)

我在一家汽车部件商店做销售员。我的大部分时间都在查看和订购零件。就在两年前，我们还是通过在纸上手写记载相关订购信息。当然，有了计算机，这个过程就变得有效得多。大概两年前，我们升级了我们的计算机系统，并且每台计算机都可以联网。现在我们不再需要手写订购，而是通过电子订购。大部分年轻员工认为这非常了不起——我们是在计算机的陪伴下长大的。但是那些一直用传统的方式做事的人并不喜欢做出改变。我建议我们可以逐步采用新的方式：如果你有时间，那么采用新的方式——开始时，你的速度可能会比较慢，但是一旦你熟练掌握了，速度就会快很多。如果你很忙，那么你可以采用老方式，下一次再采用新方式。我们发现一旦这些人对计算机的使用变得习惯，他们就更喜欢用计算机订购，因为这有非常多的优点。我学到的经验就是，做出改变可能要花上较长的时间，但改变是必要的。(ISTJ)

我在一家提供计算机支持的公司做经理。该公司支持医学院的研究和教学。我管理员工，提供一流的网络。在过去的三年里，我的部门发展迅速——由原先的 4 名员工增加到现在的 37 名员工。公司刚起步时，我就开始担任经理一职。我不得不靠不停地摸索及在之前的工作中学到的经验来管理，同时，我还要尽力不要犯他人犯过的错误。我想我们做得很好——一个衡量标准是来自我们正准备进军的地区的电话增加了。我们受到了大家的一致好评。(ESTJ)

主题四：找出错误并进行改正

稳定者能够在给公司造成损失之前找出错误，并且预防问题的发生。他们不停地查看自己和他人的工作，是很好的检查员和校对者。

我和父亲一起工作。我要检查他盖的商业大楼。我发现了楼梯和其他地方有一些瑕疵。我最重要的工作是在一张开支表上找出一些不相符的数字。在资产这一栏，会计人员少算了 5 万美元。我发现了这一点，然后告诉了我的父亲。我现在在一家地毯清洁公司工作。我发现我们在清洁楼梯上的地毯时存在缺陷。我发现有一种工具能够更好地将水管连接到楼梯，这样它就不会从楼梯上滑落。但是由于它会磨损楼梯，所以一开始就受到了挫折，顾客并不喜欢那样。后来我发现维可牢尼龙搭扣能够很好地解决这一问题。（ESTJ）

我在工作中做出的一个改变是，在问题发生之前能够认识到错误。我在一个学校做场地清洁工。剪草器需要天然气和石油才能工作，而且它们之间的比例必须正确。有一次，一个技工将天然气和石油混合起来，而石油又太多了，这会毁了引擎。剪草器要被送去维修几个星期，或者以后再也用不上了。无论哪种方式，费用都很高。我注意到他用了太多的石油，然后我将这个问题告诉了他。他很感激，因为他很可能因此惹上大麻烦。注意到这个问题，我为学校省了几百美元。（ESTP）

我觉得自己做的重要的贡献之一就是在一封信寄出之前发现错误。这封信要寄给商业专家、员工和学生。我的工作只是邮寄这封信。但是，我知道这是一个巨大的项目，因为人们要求做出回复或就信封提出问题。所以我决定先阅读一下信件来帮助我更好地回答人们提出的问题。当我阅读信件时，我注意到一个问题：日期中的月份写错了。我将此告知了相关职员，他们感到非常惊讶。他们五个人都阅读了这封信，但是没有一个人注意到这个问题。至少可以说，他们对我非常感激。（ISTJ）

主题五：着手工作

稳定者喜欢将一个任务分解成几个步骤。他们往往主动开始工作——尤其是那些 EST 类型的人。他们很少会松懈，而且往往愿意承担那些繁重肮脏的工作。

我在工作时间很少休息，而其他员工会偷懒，虽然他们有很多工作可以做。我注意到，当我主动去清洁某样东西，整理冰箱或和顾客聊天时，其他很多员工就会采取类似的行动。这比口头告诉他们该做什么有用得多。（ESTJ）

我在百事公司工作。我的任务是去不同的经销店整理货架，看看是否缺货，并且保持仓库整洁、有序。有一天，我在一家超市待了 10 小时。我们想要进行销售，但是他们不能把我们的汽水放在货架上。尽管如此，这一天显得特别漫长。我已经在货架上摆上了我们的汽水，也整理好了仓库。我注意到这家超市在瓶子回收区存在一个问题。这些瓶子都很小，并且可以全部回收。我过去帮了他们 3 小时。最后，所有的物品都有序地摆在了正确的位置。晚上，我的老板打电话给我，表扬了我。我发现，百事公司无法为销售汽水获得良好的场地。第二天，我将可口可乐从中心的走廊拿走，放上了百事可乐。我也因此得到了报酬。（ISTP）

大约一年前，团队领导的秘书在工作了 13 年后辞职了。领导要我担任她的职务。但是，我拒绝了，因为我知道暑假时我就会离开公司。在过去的一年里，公司很难找到人来担任这个职务。在过渡期间，我做了很多团队领导者的工作，而这以前都没有人做过。没有人要求我承担额外的责任。我做这些工作是因为我觉得这些事情需要有人做。我没有让别人知道我承担了更多的责任。我所做的额外工作帮助公司减轻了一定负担。（ISTJ）

主题六：值得信赖

稳定者往往对雇主忠实。他们值得信赖，勤劳工作，并且富有责任感。STJ 类型的人尤其可能在特定的任务中坚持下来。

当我从事儿童保健员这个工作时，我总会准时出现。保健室有 5 个老师和 50 个小孩。其他老师经常会迟到。有一天，我是唯一一个没有迟到的老师，而小孩都来了。如果那天我也不在那儿，那么只有那些小孩在那儿了。（ESTJ）

当我还是一家餐馆的女领班时，我必须为服务员做出榜样——穿着整齐（穿着制服），有礼貌，训练有素，并且总是按时完成任务。我不能偷懒，因为其他 40 名服务员一直在看着我，并且会学我。如果我做错了什么事——例如，在下班时没有打卡——他们会认为这么做是正确的，而且会依葫芦画瓢。有的时候，做一个模范是一件非常困难的事。（ISTJ）

当我在一家零售店工作时，我曾经做出改变。我首先重新组织了公司的备忘录、销售记录等其他需要被归档的文件。我曾帮助改变零售店的布局，让更多的商品可以被顾客看到。我是收银领班，不过经理还任命我为经理助理。我总是能够按时完成文书工作及商店日常的销售数据。当别人打电话给我时，我通常都会帮忙。我知道自己是公司的一项资产。我为经理和其他员工做事。我总是信息的来源，因为我知道公司的程序，以及如何处理与客户之间的矛盾。如果我的同事无法处理某个客户的抱怨，那么会由我负责来解决这个问题。（ISTJ）

主题七：设定职责

稳定者想要知道谁应该做什么。他们喜欢建立对账单、出勤表和请假表等。他们需要追踪库存或任何需要记录的东西。

我自己创建了一份检查清单，用以在我们晚上下班时检查货物。我的老板非常喜欢它。与重做一遍事情相比，我更喜欢一开始就把事情做对。如果我一开始就没有时间把事情做对，那么我哪来的时间再做一次？（ESTJ）

我打了一份日常表，为我们的员工会议做准备，并且花了几分钟的时间发送给员工（同时还在邮箱里备份了），这样是为了让大家更负责任，并且能够让他们提醒自己该负怎样的责任。（ISTJ）

我曾经在一家商店的面包房工作。面包房在厨房的一个小角落里。我主管着面包房，同时还有另外四个人，他们分别负责做主菜和三明治。因为我的老板特别忙，所以我决定自己清点库存，然后将库存数报告给他，这样他就不用自己去想需要为面包房购进何种材料了。当需要购进新的材料时，我就会做记录，然后我会将相关数据记在每周的库存记录上。我的老板非常喜欢我的这个想法，然后按照自己的方式制作了一份库存清单分发给厨房的员工们。(ISTJ)

主题八：记录程序和信息

你是否遇到过这种情况：在会议上，当参会人提出一些建议和改进时，却没有人能够记住所有人提出的想法。稳定者（尤其是 ISTJ 类型的人）是非常认真的汇总者。他们通过制作手册，更新信息表格，以及对他人的工作表现建立直观的表示来做出改变。

我曾经在一家家庭辅导机构做过实习。志愿者需要一本手册，从而能够大体了解孩子保护服务系统的工作。我写了一本手册，为志愿者和新的职员概述了整个系统。(ESTJ)

我可以举出两个例子：①当我培训一个新的员工时，我会把所有的要点都记录下来，这样我们可以一起进行核对。这也让人感觉到培训程序的正式性（当时并不存在）。这有效地提高了培训水平，使新员工能够更快地为公司做出贡献。②我的经理经常通过口头做出程序上的变动。如果你请了一天假，那么没有人会告诉你这个变动是什么。我将所有的程序变动放在了服务器上的一个文件里。员工在请假回来后可以查看这个文件。这会让他们了解到最新的信息，并且不再发生任何的错误和误解。(ISTJ)

我的任务是查看县城所有的暴雨下水道系统，然后将我的发现写在报告中。几年的工作之后，我想到了一个更加有效的方法来收集和存储数据。我将这个新的方法用在了工作中。最开始的时候，别人都认为我的方法太浪费时间了。现在我记录了我的方法，并且所有人都在使用这个方法。（ISTJ）

主题九：执行制度和政策

稳定者（尤其是 STJ 类型的人）遵守制度。他们认为违反者需要受到惩罚。他们会做出直接的反馈。他们尊重权威，并且乐意使用他们的权威，尽管他们有一种公平感。

当我在一家汽车租赁公司工作时，我遇到过这样一种情况：当时我们的经理不在，有一个客户向我询问有关被偷的租赁汽车的政策和程序。我向客户强调，如果汽车的钥匙不在客户身上，那么我们公司不会透漏任何租赁者的信息。他很难过，但是了解到这是公司的政策。我表示了同情和理解，但是我的态度很坚决。后来他去了警察局。（ESTP）

我在一家银行工作，因此需要非常谨慎和认真。我曾经抓到过一个女人，她试图用假的 ID 卡提取账户的信息。她想要取出一大笔钱。我将这张 ID 卡提交给上司，然后解释了相关情况。我返回的时候，这个女人已经跑走了。银行后来奖励了我礼券。（ISTJ）

我曾经纠正了一些错误的工作。之前，公司希望引进一种机器。这种机器非常庞大，需要很多天的测试。我们必须安装好机器，然后做多次测试来确保机器的正常运转。这种机器并没有通过我们所有的测试，所以我不会引进这种机器，尽管我要承受来自上司的压力。他去了其他部门，发现其他人也没有引进这种机器，而事情也能发展顺利。从那以后，人们对我很尊敬，管理层也注意到了此事，认为我做的是对的。（ISTJ）

我碰到这样一种情况：有一个同事威胁公司的秘书，要求秘书帮他预约老板。我告诉他，我对他的行为很失望，尤其是这样严重地影响了秘书的自尊。我提醒他，公司对于骚扰有相关规定。他不相信我说的是真的，直到我说出了他的一些行动以及秘书的一些反应。我建议他和秘书马上聊一下，而不是拖得太久。我自愿参与到他们的讨论当中，主要目的是预防威胁的再次发生。这次讨论，让我们三个人知道了我们的言语都有可能产生消极的影响，尤其是还带有某些身体语言时。于是，我的同事在说话和使用身体语言时，变得更加小心。这位秘书也变得更加强硬了，这样就不会让别人威胁到她，让她自己感到很无能。（ISTJ）

主题十：提供以任务为导向的培训

因为稳定者善于分解任务，所以他们能够通过帮助新的员工对工作进行定位，并进行培训来做出改变。他们能够告诉别人，怎样一步一步地做事。他们会利用自己的感知来观察受训对象的行为举止，并且考验他们，了解他们是否在学习。他们善于教授基础的东西，亲自做出演示，并且一对一地培训，直到他人能够独立工作。

我是一家乡村俱乐部的晚宴经理。因为由我来培训所有的新员工，所以我是他们的直属上司。最开始的时候，他们往往会非常紧张，尤其是我们的俱乐部是一个不错的俱乐部。我最近在培训一个新的女服务员。她对这份工作很生疏，并且感到非常害怕。我在前门遇到她，做了一个自我介绍。我一步一步地教她晚宴开始之前的各个步骤。我尽可能详细地回答她提出的所有问题。晚宴一开始，她就跟着我，认真地看着我的每个行动。没过多久，我就放手让她做。我站在她的旁边，确定她所做的是正确的。她做得非常棒。我们回到厨房时，我告诉她，她做得很好。她之前所有的害羞和紧张都不见了。她提出问题，并且不再紧张地去尝试新的事物。我真的非常喜欢培训员工。我喜欢自己能够在困难的任务中帮到他们。（ESTJ）

最近，老板要求我负责向新来的员工展示一下店铺。老板之所以叫我负责这件事，是因为在过去的一年里，我在店铺的每个地方都工作过。每当进来一个新员工，我就会把他带到四个不同的区域，然后告诉他，在他值班时，他需要做些什么。我认真回答了他们提出的问题，然后对他们进行小测试，看看他们是否能够独立值班。我感觉自己就是这些新员工的顾问。（ESTJ）

在过去的三个月里，我使得店铺的生意好转。我培训员工，告诉他们如何完成任务。首先，我向他们展示如何做一项任务。我向他们展示的同时，还会一直和他们说话。我发现最重要的事情是让他们知道为什么做这项任务是非常有必要的。其次，我会看他们怎么做。最后，我会考查他们操作的步骤。这样，他们就会有三次不同的机会吸收这些信息。（ISTJ）

稳定者在人际关系中做出的改变

稳定者如何运用自身性格的优势在人际关系中做出改变？

主题一：帮忙做事

当稳定者看到朋友或家人很忙时，他们往往会伸出援手，帮忙做一些需要做的实际事情。他们通过制订计划、了解细节、安排计划或为关心的人设定预算——更不要说为那些他们非常喜欢的人——来做出改变，从而帮助他们腾出时间。

> 邻居最好的朋友去世了。他去参加葬礼，我正好看见他家的草长得非常高，所以当他不在时，我就帮他剪草。当他从葬礼回来时，发现我帮他修剪了草坪，他非常感激。他更加尊重我了，因为当他有需要时，我帮助了他。（ISTJ）

> 我愿意为朋友做事，而且我发现这样能做出改变。我帮助我的妹妹准备奖学金申请、大学申请等。我帮助母亲建立了一个数据库，这样她就能够时刻了解自己每日的活动和文书工作。（ESTJ）

> 去年，我注意到我的一个好朋友变得非常消极。每个人都注意到了，但是没有人知道为什么。一天，当他洗澡时，我在他的厨房桌子上发现了一堆账单,列出了他所有的债务。他负有45 000美元的债务，我明白这是他消极的原因。起初，我不知道该做什么，我也很担忧。之后，他终于对我说出了事实。他告诉我之后，

我们两个人坐下来，开始查看他的账单。我们一起想出了他要遵守的每周预算，消除了他不需要的账单，如有线电视账单等，并且将其他所有的账单汇总起来。这个方法非常有用；他目前还有30 000 美元的债务，但是他正在努力。通过帮助他制订财务计划，我使他的生活产生了改变。（ISTJ）

主题二：值得信赖

稳定者（尤其是 STJ 类型的人）一般都值得信赖。他们会宣布自己的计划，然后履行自己的承诺。他们会在人际关系中形成某种惯例，这样他们在乎的人就知道会发生什么。

通过让家人和朋友了解我的计划，并安排特定的时间去看望他们，我减轻了人际关系中的压力，并让他们知道我有多在乎他们。（ESTJ）

我从丈夫的妹妹那里搬了出来。我们原先很亲近，后来变得陌生。我决定每周腾出一些时间去拜访她，即每周六的 13—16 点，这段时间只属于我们俩。（ISTP）

当我在与他人之间建立信任时，我做出了改变。对我而言，建立信任的主要方式就是履行承诺。如果我不确定自己能否做某事，那么我就不会承诺去做。我能够很好地履行我的承诺。我来举一个小例子。一次，我的一个朋友告诉我，她想和我一起去购物，为她计划的家庭聚会做准备。当我确定自己能够做到时，我告诉她第二周我可以开车带她去。最后，当我载她去购物时，她非常开心，因为她买到了她想要的东西。（ISTJ）

主题三：执行制度

稳定者（同样，特别是 STJ 类型的人）往往想要说明期望。他们对制度及曾经的人际关系给予尊重。有的时候，他们能够帮助他人摆脱困难。

一天下午 6 点，我望向窗外，发现邻居正在和一个手持匕首的人搏斗。另一个人正在车里，是那个人的同伙。当时，我打了911，描述了这两个男人的外貌特征及他们的车。这两个人离开时，我将他们离开的方向告诉了调度员。警察抓住了他们。之后，我得到了政府颁发的市民奖。（ESTJ）

在我们大学的篮球赛中，啦啦队长有时会把 T 恤衫扔到人群中，那些抢到 T 恤衫的人在中场休息时，就能够扔一个罚球。在一场比赛中，T 恤衫落到了一群来自康复中心的残疾人中。在中场休息的时候，那个"抢到"T 恤衫的坐在轮椅上的人准备去扔那一个罚球。没过多久，那个人就回来了。我问他发生了什么事，他说那些人不让他投球。他非常伤心。我从人群中挤出来，然后问主办这场比赛的人究竟是怎么回事。他说他非常担心这个男人的安全，并且不想让他自取其辱。我告诉他这并不公平。然后我被告知，现在并没有足够的时间让那个轮椅上的男人投球。在那晚剩下的时间里，我就那样坐在那里，想着如何才能让那个男人得到投篮的机会。第二天，我去见了这个大学的副校长助理。我解释了当时发生的情况，并且告诉他这非常不公平，是违反法律的，而且这个男人应该在下一场比赛中得到投球的机会。他给体育部主任打了电话，主任答应在下一场比赛中给这个男人一次投球机会。所以在下个星期六时，那些来自康复中心的人都能够免费看球赛。中场休息时，我把那个男人推到了罚球线那里。在一些外在的帮助下，他能够自己站起来，而且他有 30 秒的时间投篮。第一个球没投进，第二个球也没投进，然后是第三个球，第四个球……但是他每投一个球，人群中就有一阵欢呼声。在只剩 5 秒钟时，他成功地把球投进了篮球筐。人群中爆发出热烈的欢呼声，人们起立向他致敬。（ISTJ）

主题四：强调谨慎/责任感

稳定者通常想要做正确的事。他们会对在乎的人施加压力，要求他们完成任务、成长或保持谨慎。

> 我的一个高中女同学有一个好朋友。有一次她们吵了一架，关系破裂了。我为她们感到难过，因为我知道她们想要把事情说清楚，但是两个人都很固执，不肯道歉。我的女同学从来没有把她好朋友的照片拿走。我知道她还在想着她的好朋友，尽管在过去四五年的时间里，她从来没有提过她的这位朋友。我不停地告诉她，叫她给她的朋友打电话，要成熟点，要知道以前不过是一个愚蠢的吵架。她最后鼓起勇气给她的好朋友发了一封邮件。她的好朋友回复了邮件。她们最后又和好如初，彼此做出让步。（ESTJ）

> 我的男朋友喜欢制定一大堆的目标，但又往往不能坚持，因为他很容易感到厌烦。我曾经激励他完成学业。当我们开始约会时，他刚开始上大学。后来，他逃的课越来越多。我告诉他完成学业的好处，以及我会支持他的任何决定，让他去做自己认为最好的事情。我现在仍然要不时地激励他，但是现在我只需要说些

鼓励的话。他总是告诉我，在我们聊完天后，他的心情有多好，并且他很开心我能够激励他。我很高兴我可以帮得上忙。（ISTJ）

五年前，我的表弟皮特介绍我和他的朋友查德认识。皮特和他的朋友们总是想参加聚会，而我经常告诉他们要小心。一个星期五的晚上，我在皮特的家里见到了一群男生，我说服他们不要开车，因为他们已经喝醉了。在我离开后不久，查德的其他朋友将他带到了一个聚会。查德想要皮特和他的朋友一起去，不过他们都拒绝了，他们提醒查德，我之前已告诉他们不要冒生命危险醉驾。第二天早上，我接到查德父亲的电话，他想要我去他家里和查德聊聊。一到查德的家，我就看到查德躺在卧室的床上，绑着绷带，手臂上还插着针管。他非常疼痛。

查德坐的那辆车上，司机已经完全昏迷了。那辆车在高速公路上翻车了，查德是后来被人们从车里拉出来的。查德的父亲想知道为什么只有查德去聚会。我问查德为什么他决定去聚会，尤其是当车上都是喝醉酒的年轻人时。我将我自己喝酒和开车的经验告诉他，并且提醒他，他还年轻，在他接受教育后还有很多机会参加聚会，到时他会更加成熟，也更加负责任。我们聊了5个多小时，查德看起来似乎很后悔。现在，查德正在一所大学学习，并且很专注于他的学习。（ISTJ）

主题五：着眼现实

稳定者常常强调逻辑。他们往往会减轻使他人产生压力的情绪。通过制订更加实际的计划和决定，他们有时能够减少可能的失望，并且帮助他们避免浪费时间或金钱。

我的儿子今年 12 岁，我已经和他的母亲离婚了。尽管我的前妻没有和我在一起，但是我们尽量在儿子面前保持和谐、团结的状态，这样他就不会感到自己没人要，或者要面对我们对他的不同期望。我们把感情放在一边，处理现实问题。我们要努力解决共同监护所产生的所有问题。例如，我的儿子在假期时想要和谁一起过？或者，当我们其中一个想要更多的时间和儿子相处时该怎么办？在过去的一年里，我们在儿子的体育夏令营、音乐学校和科技活动夏令营中都做出了共同的努力。（ESTJ）

在几年前，我和我母亲一直都在吵架。我不知道为什么我们总是吵架。每次我一开口，就会引来新一轮的争吵。一天，我给她写了一封信。在信中，我提到，我们所有的争吵都是愚蠢的，而且每次都是为鸡毛蒜皮的事而吵，我真的不知道为什么我们总是争吵。我们最主要的争吵就是为什么我不常回来，而每次我回家时，就会产生这样的争吵，这就让我不想在近期内再回家。我认为以写信的方式表达出来能够使我不那么激动。她也给我回了一封信，这封信让我意识到，我变得如此独立让她一时难以接受。通过这些书信，我们开始变得相互理解，因为我们不再需要通过争吵来让对方理解自己的想法和感觉。现在母亲和我比以往任何时候都更加亲密，我们现在能够倾听对方的心声而没有被攻击的感觉。（ISTJ）

在高中快毕业时，我已经和一个女孩在一起三年了。我们所面临的情况变得非常严峻，因为我知道毕业就在眼前。她比我更加珍惜这份感情，而我知道，自己其实并没有那么投入。我和她在一起，更多的是因为我想要一种关怀。我们并不是上同一所大学，这使我们很头疼。夏天就要过去时，我决定和这个女孩分手，因为我觉得继续一段单方面的感情对我们而言都不公平。我偶尔会想起和她在一起的时间，想起她，但是我知道这个决定对我们而言是最好的决定。她起初很难接受，不过我相信，她知道这是最好的决定。（ISTJ）

主题六：识别错误

稳定者能够利用他们批判性的能力帮助他们识别自己和他人的错误。他们能够通过指出他人思维中的缺陷，以及给出直截了当的反馈来帮助他人走上正轨。

我和我的哥哥一起生活了两年。在那段时间里，我们经常因为我的社交活动、家务杂活及我的粗心大意而争吵。但是，就在他搬出去后不久，当我独自一人看守房子时，我开始认识到他曾经抱怨的很多事都是对的。然后，我迅速地调整了自己的生活方式，更加积极地做家务，变得更加成熟。他最近搬回来住了，不论是从兄弟间的关系还是从舍友这方面来说，我们的关系变得更好了。（ESTJ）

我和我的现任女友已经在一起快七个月了，我们的感情也越来越好。为了在我们的关系中做出改变，我曾经试图改变自身性格中的缺陷。我的问题在于，我总是认为自己是对的。即使别人（我的女朋友）告诉我，我做得不对，我也不会去听。我只是不停地阐述我的想法。自从我开始听取她的意见，真正地聆听她的想法后，我们一起解决了很多冲突，而且我也意识到我并不总是对的——这让我很惊讶。我们之间能够交流得更好了。（ESTJ）

我的班上有一个从其他国家来的新生。我尽力去理解他的处境，并且告诉他该如何适应这里的生活。我给他提出了很多意见，如买什么样的衣服，和同龄人交流的方式，注意卫生等。人们有时看着我们之间的互动，会说："你为什么要这么麻烦？……他自己以后会慢慢学到的。"而我对此的回复就是："如果我不告诉他，他某件事情做错了，他怎么能学到东西呢？"不知道自己哪里做错了，是一件很令人沮丧的事。（ESTJ）

主题七：一点一点地进步

虽然稳定者崇尚效率，但是他们对他人也有耐心。他们比起其他类型的人，更可能接受缓慢的进展，并且能够忍受他人慢慢地进步。

我曾改变了我的继子 BJ 和我家的狗卡门之间的关系。当卡门刚回家时，BJ 对卡门一点也不在乎。他不和卡门玩，而且当卡门咬着他的玩具时，他会发火。当我和丈夫把卡门送去急诊室时，BJ 一点都不紧张。我开始试图在训练卡门时让 BJ 参与进来。首先就是教 BJ 注意何时把卡门带到它的便壶那里，以及当卡门做错事时，应该如何纠正它的行为。然后，我会帮助 BJ 训练卡门如何坐下。接着，告诉他，当卡门咬着他的玩具时，不要对其大吼大叫，而是用卡门的玩具来代替。慢慢地，BJ 开始喜欢上卡门。现在，BJ 每晚都会叫卡门和他一起睡觉。（ESTJ）

　　我的儿子一生下来就患有大脑性瘫痪。医生告诉我们，他永远也不能走路、说话及上学。当他出院时，我的妻子对这种情况感到非常无助。但是，我认为我们应该像对待其他正常孩子一样对待他，并且尽我们所能帮助他得到他所需要的任何资源。在他3岁时，我得到了他的监护权，并且在第二年夏天，我给他弄来了一副拐杖。在两周的时间里，他一直挂拐杖走路。现在，七年过去了，他能够靠自己走路了，并且正在上小学三年级。按照这种进步速度，他以后完全可以生活自理。当其他人选择惯养时，我认为这样对他并没有多大好处，于是我选择了一种积极的方式给他施加压力，而他也做得很好。（ESTJ）

　　我现在正和一个与我在同一所初中和高中就读的女生交往。我一直觉得，她是我唯一想找的。我们交往后不久，她告诉我她在饮食方面有问题（吃完饭后会呕吐，并喝大量的水来降低食欲），因为她觉得自己很胖。她其实并不胖，但她对自己的身材要求完美（她是一个体操运动员）。我们第一次约会时，她吃了一个鸡肉三明治，事后她告诉我，这对她来说已经很多了。她的父母并不喜欢她的饮食习惯和体重。虽然可能并不是什么正确的事，但是我告诉她，我们要慢慢地来。先吃一包薯条，然后两包，三包……虽然这听上去很怪，但是事情发展得很顺利。我想她需要的是一个信任她、接受她，并且和她一起慢慢做改变的人，她的体重还是很轻，不过她的食欲提高了很多，而且饮食习惯也好转了。（ISTJ）

主题八：汇总事物

稳定者往往想要记录事物。他们可能会帮助他人追踪数据，如整理相册或个人记录。

我的两个朋友吵了一架后，再也没有理睬对方。我说服他们来我家。我将有关我们三人之间美好时光的所有视频录制到一张 CD 上，然后播放给他们看。他们看完后意识到，他们之间的友情非常珍贵，于是互相道歉，原谅了彼此。（ESTP）

我在人际关系中做出的最大改变就是我和爷爷奶奶之间的关系。他们在我的成长中扮演了非常重要的角色，因此我想要告诉他们，他们对我来说有多么重要。我为他们的结婚 50 周年纪念日做了一本剪贴簿。我花了很多时间挑选照片，每张照片的背后都有一个故事。当他们收到这份礼物时，他们既惊讶又开心。这本剪贴簿使他们的生活更加完美。我在圣诞节时，为他们制作了另一本剪贴簿，这些剪贴簿是用金钱也买不到的。这本剪贴簿使我们回忆起以前所有的美好时光。我知道对奶奶而言，这本剪贴簿的意义重大，因为她将这本剪贴簿扫描了五份，展示给他人看。看到他们这么重视这本剪贴簿，我很开心。我想，他们会一直珍藏这本剪贴簿的。（ISTJ）

我哥哥的房子最近着火了，他变得一无所有。保险公司只能够赔偿他的财产，但却无法赔偿某些物体所拥有的情感价值。因此，我从其他家庭成员及他的前妻那里收集了他的两个孩子的照片，并将这些照片扫描到计算机里，为他打印出来。（ISTJ）

主题九：提供证据

稳定者喜欢挖掘那些能够让他人重新思考个人信仰和想法的事实。他们通过侦探式的工作或记载情况的细节来提供帮助。

> 我曾经帮助一个酒鬼朋友。他不承认自己喝太多的酒，而且他的问题也恶化了，最终还惹上了官司。我当面质问他，但是他坚定地认为自己没有问题。我之前曾记下他喝醉酒的时间，以及醉酒后闹的事。这些记录使他一下子醒悟过来，然后他开始解决自己的问题。（ESTJ）

> 我告诉我的一个好朋友，她的男朋友背叛了她。但是她并不相信我，说："如果他喜欢上你，我就相信。"虽然我并没有把它当作一个目标来证明自己，但是过了一段时间后，她的男朋友确实开始追我。当我告诉她这件事，并且将她男朋友发给我的短信给她看时，她和他分手了……但是从那以后，她也没有和我说过话。（ESTJ）

主题十：鼓励体育活动

稳定者（尤其是 STP 类型的人）可能会非常喜欢户外活动，如参与钓鱼这样的运动。他们也可能通过介绍他人参与其中来改变人际关系。

> 我和一个女人有过一段短暂的婚姻。我们结婚时，她的儿子布雷特还在襁褓之中。我就像对待自己的亲生儿子那样对待他。我们一起爬树，滑雪橇；我教他亲近自然，教他钓鱼；或者我们只是闲逛。遗憾的是，我和他母亲的婚姻并没有持续很久。在之

后的 16 年里，我们都没有看见对方，或者听到有关对方的消息。一天，他的母亲打了个电话给我，我们见面了——我当时并不知道他要来——我们一直都笑着。一个月后，我带他参加了一个彩弹射击游戏。从那以后，我们常常一起去其他地方玩这个游戏。在彩弹射击游戏中，我的代号是"龙人"，而他的代号是"龙人之子"。在这些游戏中，我告诉他如何公平竞技，如何遵守规则。无论我们去哪里，都能结交新的朋友。最近，他弄了一个和我一样的文身，刻在同一个地方。他不让他的母亲知道，不过他常常会炫耀。（ESTP）

我是一个临时看护者。当我最开始照顾马克时，他是一个非常麻烦的男孩。他吸毒、喝酒，而且还虐待他的母亲和姐姐。很多次我在他家时，看到警察把他带了回来。我试图让他玩棒球和打篮球，但是他并不感兴趣。后来，我慢慢知道什么能够抓住他的注意力。于是情况开始好转了。我们会去玩室内高尔夫，我们还会做他人认为疯狂的事——我教他如何开来复枪。我信任他，他也开始学着信任我，一切都进展得很顺利。最开始时，他和一帮坏孩子在一起；两年之后，他没有和那帮坏孩子在一起，而是进入了一所好的高中。现在，他的学习成绩很好。（ISTJ）

稳定者与其他核心性格类型的人的对比

稳定者不全是一样的，而且他们还和其他核心性格类型的人有着某些相似点。除了具有以上这些普遍的特征外，稳定者和协调者一样，更喜欢感觉（有关协调者的描述见第 5 章）。因此，无论是稳定者还是协调者，他们都注意细节、事实和目前的情况。稳定者以逻辑、客观的方式关注任务本身；而协调者则更加关注相关的人，并且以一种更加体贴的方式表述情况。

与远见卓识者（有关远见卓识者的描述见第 7 章）一样，稳定者也偏好思考。因此，无论是稳定者还是远见卓识者，当他们试图做出改变时，他们可能就比较客观，因为他们都想要分析、批判和逻辑地表述情况。稳定者对目前环境的细节更加关注；而远见卓识者更加关注细节之间的规律和联系，并且寻求一种能够解决长远问题的系统。

稳定者与有感染力者之间的联系最少（有关有感染力者的描述见第 6 章）。稳定者的关注是短期的，而且采用一种更加现实的方法解决目前的情况；而有感染力者往往更加理想主义。

相关练习

在阅读第 5 章之前，请先完成练习 6 和练习 7，看看你是否能应用本章中提到的主题来帮助你在工作和人际关系中做出改变。

📝 **练习 6 利用稳定者的性格特征在工作中做出改变**

利用本章中提到的稳定者的性格特征，根据自己在工作中可能的使用频率，选择相应的等级。等级说明如下：

0=几乎从不

1=很少

2=偶尔

3=经常

4=几乎总是

1. 简化事情（制订计划、日程和短期目标，说清期待，使事情变得简单，程序标准化）

0   1   2   3   4

2. 动手做事（追求可测量的结果，如费用的节省、生产力和利润；完成任务和会议；在限期内完成任务；节省时间和金钱）

0   1   2   3   4

3. 一步一个脚印（通过不断摸索来学习经验教训，努力让他人加入；鼓励缓慢但稳定的进步）

0   1   2   3   4

4. 找出错误并进行改正（反复核对工作；找出错误，并且预防问题的发生）

0   1   2   3   4

5. 着手工作（将任务分解成几个小任务，主动开始做事，承担又累又脏的工作）

0   1   2   3   4

6. 值得信赖（忠实可靠，努力工作，做事负责，坚持）

0   1   2   3   4

7. 设定职责（知道每个人的职责，创建对账单、出勤表等，跟踪库存）

0   1   2   3   4

8. 记录程序和信息（汇总信息，编制手册等）

0	1	2	3	4

9．执行制度和政策（遵守制度，做出直接的反馈，尊重权力并公平使用权力）

0	1	2	3	4

10．提供以任务为导向的培训（一步一步地培训新员工，检查受训对象的学习成果，教授基础知识，亲自演示，单独辅导）

0	1	2	3	4

请保留这些判定结果，因为在第 8 章的计划练习中你将用到它们。

练习 7　利用稳定者的性格特征在人际关系中做出改变

利用本章中提到的稳定者的性格特征，根据自己在人际关系中可能的使用频率，选择相应的等级。等级说明如下：

0＝几乎从不

1＝很少

2＝偶尔

3＝经常

4＝几乎总是

1．帮忙做事（做实际的事情来帮助他人腾出时间，如制订计划，弄清细节，安排时间表，设定预算等）

0	1	2	3	4

2．值得信赖（说出计划，履行承诺，形成人际关系惯例，帮助他人脱离困难）

0	1	2	3	4

3．执行制度（阐明期待，尊重规则）

0	1	2	3	4

4．强调谨慎/责任感（做正确的事；对他人施加压力，要求他人完成任务，变得成熟、小心等）

0	1	2	3	4

5．着眼现实（强调逻辑，减少情绪倾向，根据现实制订可行计划和决定）

0	1	2	3	4

6．识别错误（从批判的视角识别和避免错误，指出他人思维中的错误，提供直接的反馈）

0	1	2	3	4

7．一点一点地进步（对他人耐心，接受缓慢的进步）

0	1	2	3	4

8．汇总事物（帮助他人追踪照片、记录等）

0	1	2	3	4

9．提供证据（挖掘事实来改变他人的想法，做侦探式的工作，记录细节）

0	1	2	3	4

10．鼓励体育活动（享受户外活动和体育活动，与他人共享其中的快乐）

0	1	2	3	4

请保留这些判定结果，因为在第 8 章的计划练习中你将会用到它们。

第 5 章
"协调者" 如何做出改变

那些偏好感觉和情感的人通常非常善于交际，也很友好，并且他们性格的核心部分就是对人际关系的重视。在此，将这类人称为"协调者"。如果你已经通过四字母性格类型的中间两个字母了解到自己是一个协调者（一个 SF 类型的人），那么本章就是为你而写的。你也可以通过本章了解拥有此种核心性格的人。

首先从针对这类人的"侦查报告"开始，然后对他们的性格特征进行更详细的描述，并列出他们在研究报告中展现的其他性格特征。

针对协调者的"侦查报告"

协调者往往：

- 探寻并且记住关于他人的细节。
- 想要他人开心，并且想要尽可能地避免冲突。
- 基于现在和他人的感觉和价值观做出决定。
- 帮助他人感觉到自己融入一个团体——就像他们属于一个大家

庭那样。

- 想要用合适的行为，以尊重的方式解决问题。
- 用个人的方式做客观的任务。
- 体贴，有同情心，忠诚、友好，充满关爱。
- 强调公平，要求每一个人都公平地做自己该做的事，按照金科玉律做事。
- 容易被他人言语和个性化的服务影响。
- 乐于为他人服务。

总之，协调者往往会通过以下方式做出改变：

- 在工作上，他们会把工作，甚至客观的任务变得更加舒适，以人为导向。
- 在人际关系上，他们那关爱他人的天性，会让他人觉得自己受到重视和支持。

关于协调者的更多细节

关于协调者的性格特征描述只反映一般的性格特征，并不适合所有偏好感觉和情感的人。同时，具备其他三种核心性格特征的人也可能发现他们拥有本章描述的一些特征，这是因为环境和性格偏好共同影响行为。不过，从整体而言，这些描述能够帮助你了解协调者核心的性格类型。

协调者关注事实和细节，不过他们的这种事实和细节更多的是关于他人，而不是关于事情或抽象的概念。他们的热情让人感觉到关爱和同情。

73

他们很友好，喜欢帮助他人。他们中的很多人具有典型的"好人缘"，并且愿意为人际关系做出牺牲以使他人开心，有时甚至想解救堕落的人。

他们通常会基于自己的价值观体系来做出主观的决定。在很大程度上，对协调者来说，证据就是信念。他们依靠自己的感觉决定事情的重要性。作为一个朋友或同事，他们想要知道你个人方面的事。协调者负责、忠实，并且几乎在所有的情况下都十分友好，让人感到热情（除非他们的价值观受到挑战）。他们接受别人真实的自己，并且让尽可能多的人感觉到自己是团体中的一员。他们想要让朋友感觉就像家人一样，让家人感觉就像朋友一样。

作为提供者，他们会提供切实、个性化的服务；作为顾客，他们希望他人提供个性化服务。他们想要详细地知道某个产品如何影响人们。他们喜欢通过自己的五官了解世界，所以他们认为无论在何种情况下，外表、舒适及清晰度都是非常重要的。协调者，就像这个名字暗示的那样，他们想要避免冲突。他们喜欢礼仪和尊重。他们尊重次序感，喜欢合适的行为。

协调者更喜欢在一个虽然进展慢，但发展稳定的机构工作。他们希望组织可以给人一种快乐大家庭的感觉，人们有很多渠道可以提供资源，无论这种资源是以事实的形式还是以观点的形式呈现的。他们想要建立规则并遵守，同时也希望个人的灵活性和意见可以得到尊重。他们喜欢通过他人而不是客观的报告来收集信息。一旦协调者发现关于你的一些事，他们就会深深地记在脑海里。他们能够记住老板、同事或客户的生日和最喜欢的电影，以及其他一些个人信息。

作为管理者或领导者的协调者，他们细心体贴，有同情心，鼓励他人。他们强调公平和依赖性，但是能够容忍错误，并且一般抱有一种和平共处的态度。协调者会尽力帮助他人，让他们感觉到自己是其中的一员，并且能够促进成员之间的互动。他们善于沟通，使人感觉舒适。他们重视关系、公平、尊重、忠实、合作等重要原则。

在工作中，协调者可能显得有点过于关心他人。他们可能会过于简化问题，天真地认为只要所有人都努力工作，就能解决任何问题。因为他们善于倾听他人，所以他们能够知道公司内部的小道消息。他们可能会因为试图取悦所有人，或者因为他们的价值观受到挑战而变得自以为是，使自己陷入麻烦。他们的决定有时候会因为他人的话语而受到影响，而且他们希望知道事情如何有益于他们所关心的人。在任何情况下，他们都希望自己受到尊重。

协调者主要通过忠诚来对组织做出贡献。他们帮助他人关注现实情况，但是强调商业的人文部分。如果有机会，他们能够创造出一种温馨、高度私人化的环境。在这种环境下，人人都想来这里工作。他们想要把自己的经验用于能够支持他们价值观的实际工作中。他们想要公平的工作量。他们不喜欢通过讨论来得出结果，尤其是当这些讨论中还包含批评声时。

协调者往往将他们的能力与人际关系联系起来。他们更在乎人与人之间的关系，而不是任务本身。他们发自内心地关心他人。协调者的朋友们往往能从他们的热情与支持中受益。

协调者之间的差别

不是所有的协调者都是一样的。例如，偏好外向和判断的协调者（ESFJ）喜欢以管理者的身份为自己的部门或团队营造一种包容的氛围。

75

内向的协调者也可能营造一种包容的氛围，但是他们通过幕后的方式。偏好内向和知觉的协调者可能通过提供多样选择来营造包容的氛围。很多人认为，协调者有一种"感同身受者"的性情："让我们试一试，看一看我们会有多喜欢。"偏好判断的协调者则有一种更加"传统"的性情，他们往往喜欢更加有序的方式，并且非常尊重过去和礼节。

协调者在工作中做出的改变

当协调者利用自身性格的优势时，他们会在工作中做出怎样的改变？下面的每个主题都代表了研究中的协调者所表现出的性格特征。每个主题都以故事形式呈现，这些故事由参与者撰写，并且在每个故事的结尾都会附上故事讲述者的四字母性格类型代码。

主题一：帮助他人

当忠实于自己的天性时，协调者能够让别人感觉到关爱，即使是在工作当中。至少当他们在聆听和提供支持时，他们往往是接受的。

在你改变他人的生活之前，你必须和某个人或某个家庭建立一种联系或信任感。不久我就意识到，我只要在那儿静静地倾听他人，我就能改变他们（以及他们家人）的生活。例如，倾听一个单身母亲——关于她为什么及如何来到这个社区的故事——就能够改变她的生活。显然，她在过去有着很多不健康的关系，但是很少有人能够真正地倾听，并且愿意提供帮助。让他人感觉到关爱对我来说，是我所做的事情中最重要的部分。当我们召开员

工会议，颁发一些"搞笑"的奖项时，别人总是说"很有可能在我的背上或手臂中发现小孩"。（ESFJ）

在工作中，我经常要和不同性格的人打交道。我和每个人都谈得来。就在最近，我的一个同事和别人吵架了。这影响了他的工作能力和精神状态。有一天晚上在我工作时，他打电话给我，说他情绪很差。我试着和他聊天，告诉他要振作。我一直和他通话聊天，我一下班，就去找他。我告诉他，这并不是他的错，而且很快就会没事的。在这种情况下，我在工作上帮助他。现在他经常为我所做的事表示感谢，并且说我是一个好人兼好朋友。这使我不仅在工作上做出了改变，而且还产生了友情。（ISFJ）

去年暑假，我和一个非常不自信的女孩一起工作。她已经工作几年了，她说以前和她一起工作的人总是让她失望。而自从和我以及我的妹妹一起工作后，她第一次真的想要来上班，我只是对她很友好，而这就足以让她的工作环境变得很愉快。我想，当你处于一个愉快的工作环境中时，你的效率也会变得更高。（ISFP）

主题二：积极向上

协调者在工作上一般都是积极向上的。他们的乐观态度是会传染的。他们的典型特征就是有鉴赏力，容易接近，乐观，并且能够营造愉快的工作环境。

我在当地的一家酒店当服务员。我想成为一个积极乐观的人。这种态度帮助我的同事了解到我们工作的性质。我会不遗余力地帮助他人完成任务，鼓励他人度过艰难时刻，并且当事情出错的时候不去抱怨。当团队合作达到一个目标，或者完成一个任务时，乐观的态度是关键。当他人沮丧时，我会鼓励他。我很实际，也很忠实，并且在糟糕的环境中能够发挥领导者的才能。（ESFJ）

在法国时，我在一家皮革店工作。我比其他同事小很多，他们做全职，而我做兼职。我的热情、活力和幽默影响了他们。我也能很好地倾听顾客的意见，并且及时地反馈给老板，告诉他我们需要订购什么样的货，以及顾客喜欢什么。（ESFP）

我是一家零售店的经理助理，至今已工作三年了。我每天都需要展示我的某种领导能力。当我上班时，我会主动地找事情做，并且让别人知道他们能够做些什么。员工总是问我，他们该做什么，或者怎样做才能做得更好。这是因为他们不仅仅把我当成他们的上司，还把我当成一个他们可以信任的人。我想这对一个领导者来说尤其重要。我的下属总会来找我解决问题，无论是工作方面还是个人方面。他们也非常重视我的意见和看法。（ISFJ）

在我的公司，真的没有等级制度。公司的所有者是每个人的老板。不过再往下，大家都一样。我们的老板不太懂得鼓励或赞赏人。我不是一个需要鼓励的人，但是好工作总是需要被赏识的。我注意到这个不足，于是我试着多鼓励他人以弥补这个不足。我想如果能够注意到他人的成就，并做出表扬，那么我们的工作环境就会更加令人愉悦。（ISFJ）

主题三：具有包容性

协调者常常会让人有归属感。他们的友好能做出改变。他们说话的语气能够让人愉悦地工作。他们开朗的精神通常会表现在对团队建设的参与中。他们会主动为团队安排聚会或外出活动。他们通过让团队成员感觉到自己也是其中的一员而做出改变。

我的同事因为经常迟到而被老板批评。他差点就要哭出来。我知道一个人就要哭时，是非常讨厌工作的。所以我就过去帮助他，我告诉他："你不是因为高兴而微笑，而是因为微笑而高兴。"所以我使他微笑了。每次我走过他的身边，我就会对他微笑，他也会对我报以微笑。然后不到一小时，他就又开心了。（ESFJ）

我现在在一家银行工作，并且已经工作七年多。我所在的支行并不太在乎团队合作。最后，我鼓起勇气，决定利用自己的职位改变银行的氛围。我的第一个尝试是举办一个圣诞晚会，来进行礼物交换。员工都对此表示支持，但是之后抱怨自己得到了一个很一般的礼物，而且钱也成了一个问题。现在，我们每个人从圣诞树上拿下一个人的名字，然后将其给对应的人。这是一个很好的举动，但这是以个人的名义而不是团队的名义。提高团队有效性的第二个尝试是，当我试图说服老板每月开一次会议时，她说她没什么要说的，而且不喜欢在众人面前发言，不过如果我想要这么做，那我可以带头。我不打算这么做，因为我不是老板。我的第三个尝试是建立一个有关员工生日的表格，并且让下一个生日的人给前一个生日的人带生日蛋糕。这非常有效！员工都非常喜欢。我会在计算机里查看记录，并且在需要时进行更新。我

们大概每个月都能吃一次蛋糕，每一个人都很享受。（ESFJ）

当我在财务部门工作时，我所在的组几乎没有人有时间来培训我，因为他们人手不够。我的另一个同事——苏培训了我。她是另一组的成员，但是对我们的工作非常熟悉。我们两组人分开行动，大家各自做自己的事。但是苏常常感觉不到归属感。当我完全融入我的新团队时，我一点一点地帮助苏，让她感觉自己也是其中的一员。我经过她的办公桌时，会停下来和她说话，会邀请她一起吃午饭，尽力让她感觉自己是团队的成员，我们团队常常用互相轻扔回形针的方式来缓解紧张的状态。虽然这听起来有点幼稚，但是这确实很好地缓解了每个人的情绪。我决定对苏也用这种方式。一天，苏将一枚回形针扔向了我，我知道苏加入我们的游戏中了。我想这对苏来说，不仅极大地改变了她对同事的态度，也改变了她对工作的态度。从那之后，苏变得更加积极，而且真正地感觉到自己融入了这个团队之中。（ISFJ）

我在公司中创造了一种轻松愉快的氛围，主要通过做"模拟选举"和邀请同事一起吃午饭等方式。（ESFP）

主题四：了解他人

协调者（尤其是 ESF 类型的人）往往想要从私人方面了解与他们一起工作的人，无论是同事还是老板。他人对协调者来说，不仅仅是一个数字或一个头衔。他们能够让别人感觉到在工作上值得信赖，他们还能为顾客提供个性化的服务（并且当协调者自身作为顾客时，他们也希望得到类似的服务）。

我曾做了一年的教育助理。我渐渐知道了每个学生的重要性。当孩子们在学习或生活上遇到困难时，他们就会向我求助。在每一个孩子过生日的时候，我会为他们做一点特别的事。我会和他们一起吃午饭，并且写便条告诉他们，自己非常喜欢和他们聊天。当我的一个学生进入精神病房时，我常常去探望她。同时，我还和班上的全职教师保持着良好的关系。（ESFP）

我自己成立了一家公司。我为不同的客户量身定做健美操课程。对成年人，我设立了瑜伽课。一个客户因为常常做园艺工作而腰酸背疼，我帮她设定了相关课程；另一个客户想要强壮自己的肌肉，所以我帮她设定了力量培训的课程。我还会及时地从她们那儿得到反馈，以确保她们都达到了自己想要的效果。（ESFJ）

我是一家脊椎推拿治疗公司的前台。我们的一个有严重背部问题的患者每次都用现金支付。我告诉他，如果他能从他的主要身体保健医师那儿得到一份推荐信，那么他的保险中就会包含我们的这些费用。他在下一次来访时，带上了这个表格。不过还是存在一些问题。我打电话过去，但是那个办公室的组织非常混乱。然后他们传真了一份错误的表格。我在电话里表达了自己的不满，因为他们本该为他们的患者提供最好的服务，而显然他们并没有做到。谈了一会儿后，我发现他们需要从我们这儿得到更多的资料。我找出这些资料，传真给他们，最后，我们的客人得到了一份推荐信，足够让他来 60 次。我打电话告诉了这位患者，他非常高兴。他第二次来的时候，在老板面前表扬了我。（ISFP）

我在一家医院的放射部门工作。一天，一位老人由她女儿带进来做 X 光检查。这位老人 92 岁了，坐在轮椅上；她的女儿则挂着拐杖。做完检查后，我发现女儿一边努力地挂着拐杖，一边推着母亲的轮椅。我帮她把轮椅推到车上。就在我们前往停车场的途中，她们发现她们需要去一下药房。我把老人推到了药房，然后站着等她拿好药。她的女儿说剩下的路可以由她来推，因为要等一会儿才能拿到药。我跟她说，没有关系，我可以等。25 分钟后，我把这位母亲推进了她女儿的车里。她们都非常感谢我。虽然我的工作中没有这项，但我总是愿意帮助他人。(ISFJ)

主题五：尊重他人，举止得体

协调者往往很有礼貌。他们想要公平、平等地对待他人。他们通过推行金科玉律来做出改变。他们的价值观和道德观会让他们的同事感到，他们处于一个充满正直的工作环境中。即使他们偶尔为了好玩而取笑他人，他们也会马上道歉——他们不想得罪任何人。他们的行为让人感觉非常得体。

在我们的船上，有一个小伙子开了一个有关种族的玩笑。他是新来的，这么做或许只是想引起其他水手的注意。作为他的直属上司，我需要纠正他的行为。在军事上，我们绝不允许开这样的玩笑。我们必须为每个人提供同等的机会，并且尊重每个人，我觉得很难做，不知道该怎么处理这种情况。我应该私下教育他，还是当面指责他，用以警告他人？我选择了后者，并且指出，在工作环境中，我们不允许说粗鄙或有关种族的笑话。身边的每个人都表示了赞同。这样做帮助我重申了这一点，并且能够产生积极的压力。从那以后，我再也没有听到他说任何不当的言论。
（ESFP）

在我现在的工作中，我发现老员工往往对新员工很粗鲁，而且不会予以帮助。当新员工不在场的时候，老员工总会对其评头论足。一天，我批评了一个老员工，但还是以一种礼貌的方式。我告诉他，他不该在人们不在的时候谈论他人，而且应该把注意力放在自己的工作上，帮助新来的同事适应环境。我还告诉他，不要因为新员工犯的一点点错误就批评他们，而是应该用正确的方式帮助他们。同时，我鼓励新员工要勇于站出来，不要让他人随意地对待自己。新员工将问题告诉了我们老板，现在老员工对新员工友好得多，也更加乐意提供帮助。（ISFJ）

几年前，我的老板雇用了一个高中女生。我一周只和她共事几次，但是我总觉得她有点可疑。我并没有马上就知道到底是怎么一回事。但是，在我们一起工作时，我越注意她，就越能感觉到她的紧张。一天，她的朋友来到店里，当时她并不知道我在楼上。我看到她免费给她的朋友拿了一些糖果。我没有和她提起这件事，我只是将此告诉了老板，而她马上就被炒鱿鱼了。我们至今还不知道她到底偷了多少东西，不过她已经在店里工作四个月了。（ISFP）

主题六：解决冲突

协调者之所以被称为协调者，是因为他们不喜欢有冲突。他们随和，并且避免任何可能产生冲突的问题。他们觉得，这样能够减少压力，并且会使自己和他人在工作上感觉更加舒适。

在消防部门，我通常是那个解决他人问题的人。例如，当两个人就某个问题的争论就要达到白热化的程度时，我就会马上介入，说道："好了，你们两个人都到各自的角落里冷静一下吧。"就是这样，我才能够了解每个人的想法，而不是通过争吵或讽刺之类的方式。之后，我建立了一种双赢局面。双方都能够和平地解决他们的分歧，继续保持两者之间友好的关系。（ESFP）

我和我的同事与三个很懒惰的人一起工作。我发现，在工作的 8 小时里，我们几乎都在抱怨。我知道这根本不起作用。后来，我试着通过在工作场所播放 CD 来调整工作氛围。这确实起到了作用。当有音乐播放时，我们和这三个人有更多的话聊。这使得我们的工作环境更加舒适。（ISFP）

当我担任这个职位时，我感到非常害怕，因为作为领导者的我比手下的员工要年轻得多。我希望他们在喜欢我的同时，也会认真地把我当作领导来看待。我上任后不久，公司雇用了一位叫作菲斯的食物服务员。她的性格类型和我完全不同。我们之间的不同不久就引发了冲突。她的言语非常粗鲁，而且总是不计后果地说出自己想说的话。有一次，菲斯对我非常粗鲁。我非常伤心，和我的老板说了这个情况。然后，老板把我和菲斯一起叫来谈话。而这使事情进一步恶化。在接下来的几个礼拜里，菲斯不再和我说话，每一次都给我脸色看。我很后悔把这件事告诉了老板。慢慢地，菲斯忘记了这件事，我也是。我们似乎有了一个新的开始。现在我们能够更好地了解彼此，这让我们之间的关系更加密切。

我有的时候还是不认同菲斯的行为，但我会提出善意的劝告。我不再那么认真地看待菲斯和我所说的话，因为现在的我比开始时更加了解她。（ISFJ）

主题七：对企业忠诚

协调者会表现出自己的感激。他们特别忠实于自己的组织，尤其忠实于自己的老板。他们的忠诚往往体现在他们自愿做事。除非他们感到被误解了，否则他们会通过自己的义务和顺从来做出改变。

担任我这个职位的，原先是一个女孩。简单来说，就是她没有事先告诉老板就自己辞职走人了。所以我就要把这件事告诉老板。我告诉老板，我会看看她的办公桌，了解一下有什么事情需要做，然后把它完成。我的老板看着我，然后说了一句："你真是一个救生员。"她还说，如果我不在那儿，她真不知道该怎么办。（ISFJ）

2004 年，下了一场雷雨交加的暴风雨，我们整个地区因此停电。在确认我的父母都安全之后，我去了自己工作的旅店，把手电筒给旅客，联系电力维修部门，并且和电力公司的职员一起把倒下的树木移开。我们的计算机系统用的是前一晚的录像带。这意味着我们要重做从当天早上开始的工作。我帮忙重新手工输入数据，检查当天退房的旅客的信息，看看哪些房有人入住，哪些房是空房。这是我有史以来最忙的一天。然后我核对了数目，在下午 1 点 48 分的时候做完了所有的事情。（ISFP）

从一开始，我就想在这家卖乳液和香水的店里工作。我一满

18周岁，就申请了在这家店工作。在上班的第一天，我就主动把里屋中的产品搬出来。我把产品摆上货架。老板对我的勤奋感到很惊讶。在我下班后，他把我拉到一边和我说话。我希望自己没有因为擅自做事而惹来麻烦。他告诉我："我已经在零售店工作了 22 年，但是从来没有一个员工在上班的第一天就主动不停地做事，你是第一个。"我一直以来都觉得自己是一个认真工作，而且非常有决心的人。那一天，我的老板让我证实了我对自己的想法。（ESFJ）

一个星期三的下午，我的经理给我打来电话，她在电话里哭了。她的侄子在美国国庆日这天外出时严重受伤。她希望我能立刻回公司，帮她工作，这样她就有时间去医院了。这一天，我一整天都有课，而且晚上还有舞蹈课。我感觉自己应该帮助她，于是我就请了假，这样她就能去医院了。第二天，我买了冰激凌给她，希望她可以开心点。（ESFJ）

主题八：解救他人

协调者真心地关心他人。例如，如果一个同事遭到组织官僚制度不公平的对待，那么他们就会挺身而出，即使他们本身并不喜欢冲突。他们包容性的天性使他们去拯救这些"失落的人"，而且他们常常会鼓励那些失败者。他们通过帮助建立一个更加友好、和谐和公平的组织在工作中做出改变。

新职员露西在接受两周的培训之后，被分配到我所在的分行，由我来指导她的工作。露西已经在我们部门工作 4 个月了；

一开始的时候，她似乎什么都不懂。其他的出纳员都告诉经理说，露西做得很差劲，而且觉得她无法成为一个合格的出纳员。这位经理找我谈话，问我怎么想，因为我是和她一起共事的。我问经理，我能不能在某天银行关门的时候，和露西单独一起工作，这样别人就不能打扰到我们。经理同意了。所以有一天晚上，我和她单独留下来，一起在培训室里工作了3小时。我告诉她，她接收的信息太多了，她现在要做的只是放慢脚步，在完成交易之前看一看计算机屏幕。计算机屏幕能够告诉你，你接下来要做什么。这非常简单。第二天，她自己开了一个窗口，看起来非常自信。我告诉经理，露西能够做得很好，只要再给她一个礼拜左右的时间。其他人都质疑露西，但是似乎没有人记得我们都花了五年多的时间才成为合格出纳员的。露西现在需要的，只是多一点训练和鼓励，而不是对她说一些消极的话。现在，露西做得非常好，而且完全能够赶上我们。（ESFJ）

我是一家电影院的经理（年仅18岁），需要和各种各样的员工打交道，其中包括青少年（我的同龄人）和有着特别需要的特别人群。就像很多人那样，青少年会取笑特别人群（或给他们取个绰号，叫"梦之队"）。20多岁的杰瑞是"梦之队"里的一个重要成员。他认为自己是一个受女性欢迎的人，但是店里并没有女性员工。杰瑞感觉很受伤——即使他还是一个孩子。我很好奇，为什么这些女孩喜欢嘲笑杰瑞，而又喜欢和他在一起。我发现杰瑞给她们钱。无论她们要什么，杰瑞都会买给她们，如食物和电影票。我不能将此告诉杰瑞，怕伤害了他。于是我找这些女孩聊天，禁止她们出现在电影院里，并且威胁她们会把这件事告诉她们的经理。这些女孩害怕失去自己的工作，就离开了。遗憾的是，当我回来工作的时候，其他的员工怂恿杰瑞穿上一件有着亮片的晚礼服，还有高跟鞋，戴着人造珠宝，同时唱着葛罗莉亚盖罗的《我会存活》。我把杰瑞叫到休息室，然后对他说，以后有任何同事叫他做任何事，都要先问一下我。然后，我召集了其他员工开会，告诉他们不要再这么做了。我告诉他们，他们如何对待杰瑞，别人也就会如何对待他们。别人偶尔还会对杰瑞做恶作剧，不过总体情况好很多了，而且据我所知，杰瑞在工作中不再特意被人选中作为羞辱的对象。（ISFP）

主题九：提供舒适

协调者懂得照顾人，能够给人一种舒适的感觉。因此，他们一般都比较关注工作的舒适程度、美学、食物及其他物质方面。协调者天性中对工作场所友好、舒适气氛的偏好会使他人受益。

在每份工作中，我尽量使整个环境或气氛对顾客和员工而言都一样温馨和热情。我想让人们感到舒适是一件非常重要的事。我会多付出一点，来帮助他人或使地方看起来更加吸引人。（ESFP）

我帮助管理者发现了预订耳机的地方。这些管理者往往一整天都要听电话。这能够减少他们颈部的疼痛，并且使他们的手能够腾出来完成打字等文书工作。（ISFJ）

我在一个学业提高团队里工作。我们的目标是，在学校的体系里，发展可以提高学业的方式。我是学生代表；我提出了意见，和家长及老师一起做出决定。我鼓励团队，专注于如何美化校园操场和建筑，如何使高中不那么专注于竞争，以及如何保证每个人都参与诸如运动、社团这样的校园活动。（ISFP）

有一次，我的经理度过了糟糕的一天，心情非常压抑。我给她买了她最喜欢的糖果和咖啡，然后我们坐下来聊了聊除了工作以外的任何事情。（ESEP）

主题十：制定次序

协调者一般会以一种友好的方式努力在工作场所建立一种次序感——整理、制定清单和待办事项等。他们一般不会先制定宏伟的目标，而是会先组织事情。他们喜欢整洁、安全的环境，而且希望每件事都井然有序。

当我申请我现在的这份工作时，我发现这个办公室非常混乱。它混乱到让你感觉自己会随时撞到东西。我想，人们不会喜欢在乱糟糟的环境中工作。于是，有一天在老板外出开会的时候，我决定主动整理一下里屋。一个人往往会在做某事之前先征求一下老板的意见。而我直接就做了，这样的做法对我来说有点反常，我花了一整天的时间来清理。那天下午，老板回来得很早，看到了我所做的事。她很惊讶，说这间屋子从她在这里工作的 30 年前起都没有这么干净有序过。屋子的整洁和有序使我们的工作环境更加愉悦，做起事来效率也更高。我们知道东西放在哪儿。而且，因为东西都贴上了标签，我们很容易就能找到要找的东西。（ISFJ）

我们曾在工作中遇到难题。简单地说，就是女孩们对需要清理整个部门感到郁闷。我在珠宝部门工作，那些小东西到处都是。在你找到之前，你要在一堆乱糟糟的东西里面搜寻。因为，每个人都把东西随处放。她们觉得，"如果没有人清理，我为什么要去清理呢？"所以我将这些乱糟糟的东西放在了鞋盒里。每个人每天都要负责这个鞋盒，这样，她们每个人都有个目标。因此，在鞋盒收拾好后，我会给予她们奖励。她们后来告诉我，她们非常喜欢这个想法。最后，这些女孩会自觉地把需要收好的珠宝碎片等放在鞋盒里。领导层对我的想法非常赞赏。每次需要清点库存时，我们都比前一年更加有准备。（ISFJ）

在我第一次工作的地方，有 BAD 归档系统，如丢失的重要文件、签名等。当我第一天去那儿时，他们告诉我，他们把用户的资料放在哪儿，而且到处都是大箱子。我心里想，这个归档系统能够做得更好。所以，当我非常清楚事物该如何归档时，包括文件的顺序，每个居民需要用哪种颜色的文件夹（因为根据居民的不同收入，文件夹的颜色也不一样，而且我认为有四种颜色），我建立了一种系统。我花了三个礼拜的时间归档。办公室的同事都很相信我。我们总能得到很好的反馈，因为我会尽可能地确保这些文件接近完美。（ISFP）

协调者在人际关系中做出的改变

协调者如何运用自身性格的优势在人际关系中做出改变？

主题一：帮助他人

对协调者来说，与他们关系亲密的人对他们而言，非常重要。他们往往愿意放弃自己手中的事，为他们在乎的人提供帮助。他们提供非主观的支持，接受人们本来的面目。他们倾听、关怀他人，让他们感觉舒服，不觉得孤单。

很久以前，在我 16 岁时，我最好的朋友发现她怀孕了。我们一起去药店，买了测试纸后，回到我家，然后她做了测试。测试纸显示的是阳性，然后她开始哭。我一直安慰她，后来我觉得把这件事情告诉我的母亲比较好。她知道该怎么处理这种情况。我们谈了谈她可以采取的方式。我们一起笑，一起哭，我们之间的联系更加紧密了。我的母亲甚至提出，她能够收养这个孩子，这样我的朋友就可以随时来看这个孩子了。现在往回看，我的朋友总是说，那个时候她就知道，我们会是一生的好朋友。我的家庭也成为她的家庭。我们现在还会谈起当时的情况，但是直到今天，还是那天我们在一起的几小时对我们的关系产生的影响最为深远。（ESFJ）

上个学期，我的一个好朋友的爷爷去世了。我们自幼儿园起就是好朋友，所以我知道她爷爷的情况。我的朋友当时正在西班牙学习。我去参加了葬礼，表达了自己的慰问。当我告诉我的朋友，我参加了葬礼时，她告诉我这对她来说意义重大，因为她自己没办法参加葬礼。我一直都想让我的朋友和家人知道，无论何时，我都会帮助他们，因为我认为这就是维持良好关系的关键：无论情况是好是坏，他们都有一个人可以依靠，和他们一起度过。

（ISFJ）

我有一个朋友，他对自己的性行为很苦恼。他知道自己是一个双性人，但是他就是无法说出，因为他害怕别人的眼光。我和另一个好朋友花了很多时间和他在一起，对他非常尊重，让他感觉到他能够轻松地对我们说出来。我们比其他人早知道9个月。我告诉他，人们会接受他，而不是批判他。这对他来说是一个极大的安慰，因为他知道他有能够无条件接受他的好朋友。（ISFJ）

我好朋友的父母离婚了，而她才刚刚得到消息。她非常伤心，因此，在她父亲搬出去时，我整个周末都陪着她，日子过得非常艰难，因为她很伤心。我们几乎每晚都通宵，因为她根本就无法入睡。当我回家时，她非常感谢我能够陪着她，并且说因为我，她才好过一些。（ISFP）

主题二：鼓励他人

在人际关系中，协调者不仅仅是被动地给予支持，他们会鼓励他人。通过帮助他人相信自己，他们在人际关系中做出了改变。

我的丈夫杰夫和我相互信任，关系密切。我们能够很好地交流，并且非常享受成为相互最好的朋友。杰夫的背景与我的背景完全相反。他高中都没有毕业——是他的父母让他辍学的。当他完成普通教育后，他的父母没有鼓励他上大学。他们从来没有告诉他，他有多了不起，而且他可以做任何想做的事。即使他在第一门大学课程中获得了 A，他的父母也没有祝贺他。他们从来没有问过他，他的新房子怎么样；或者告诉他，他们为有这么一个负责任的儿子而感到自豪。在他生命中的 29 年里，他们从来没有支持过他或鼓励他。

有一天，我决定以一种更加积极的方式影响杰夫的想法。有一个礼拜，我每天都称赞他长得很帅，然后在那个礼拜的最后一天，他告诉我："亲爱的，我今天看起来很帅。"我看得出来，他的自尊心增强了。接着，我决定鼓励他，让他追求自己的梦想，因为他可以成为任何自己想要成为的人。他的真正理想是成为一名警察——有趣的是，我的父亲正是一名警察。我鼓励他参加一些大学的课程，并且参加考试。他也确实这么做了。在大学的第一年里，他在课程上获得了 A，并且对自己获得的所有知识都非常热爱。他继续上课。在过去的六年里，我看着我的丈夫是如何渐渐变得自信的。杰夫是一个努力勤奋的人，他感激生活，从来不认为有什么是理所当然的。我非常自豪有这样的丈夫，也很高兴自己能够通过鼓励在他的生活中做出改变。（ESFJ）

当我在教年轻人曲棍球时，我在人际关系中做出了改变。莱恩是一个很有天赋的年轻人，但是他缺少渴望，并且需要给他施加压力和鼓励他。在练习中，我们会做一些技巧训练。我注意到，他并不在意这些训练。我决定和他滑雪来挑战他，并且说一些刺激他的话。我甚至曾把他拉到一边谈话，确保他的生活一切正常。我还向他解释了努力提高这些技巧的重要性，因为这是他能够提高水平的唯一方法。在这个季节赛中，我注意到他无论是在练习还是在比赛中都非常努力，而且他开始注意提升自己。我之所以知道自己在他的生命中做出了改变，是因为我看到了他对自己个人材料的填写。每一个球员都要在一张表格上填写详细的信息，然后发给所有的教练。在这张表格中，有一个问题是说出你在冰球界的偶像。莱恩在这一栏的回答中，写的是我的名字，而大多数球员写的是史蒂夫·叶塞曼（Steve Yzerman）和怀恩纳·格雷斯基（Wayne Gretzky）。（ISFJ）

主题三：说出感觉

协调者（尤其是 ESF 类型的人）常常会让你知道他们的感觉。他们很坦率，而且鼓励别人也这么做。他们以直接、客观但通常又很礼貌的方式表达自己的感觉——除非他们感到难过。他们通过确定双方的感觉没有受到约束，在人际关系中做出改变。

我非常尊重我的父亲。他是一个很有逻辑的人。他用客观、理性的方式来看待问题。我对父亲和他做决定的技巧一直很尊敬。但是，渐渐地，我所做的事只是父亲的决定，而不是我想要做的事。他从来没有说"你要做这个"，但是我一直做他认为我应该做的事。我很烦恼，因为我不想继续做我正在做的事，或我不喜欢我的决定所带来的结果。我从自己和他人的经验教训中学到，在我和父亲谈话之前，我必须有自己的想法。这使得我们之间的谈话是双方的，而不仅仅是我在听和附和。这在我们的关系中起到了积极的作用。（ESFP）

我现在约会的对象比我大几岁，而且他已经有很长时间没有交女朋友了。他原先和一个女孩交往过很长一段时间，而且被她伤害得很深。我想，和他在一起的时间里，我对他做出了改变。

首先，我鼓励他说一些他一般不会说的事。当我们刚开始约会时，
他很少表达自己的想法。很多时候，我不知道他到底在想些什么，
或不知道他是否对某件事情生气之类的。现在，他比之前更多地
表达自己的想法，因为我告诉他，他可以信任我；我很尊重他及
他所说的任何话。他知道无论他和我说什么，自己都不会被嘲笑，
而且我不会觉得他所说的事很愚蠢或微不足道。我也试着激起他
的热情。他原先很讨厌说自己又成为谁的男朋友，但是现在当他
说自己正和某人约会时，他非常兴奋。而且有人告诉他，当他提
起我时，眼睛会放光。这也让我感觉良好，因为我知道他不再讨
厌说自己又成为谁的男朋友，而且这也表示，我成功地在我们的
关系中做出了改变。（ISFJ）

我的母亲最近开始约会了，而我的姐姐和我对此都感到非常
不舒服。我一直在和我的母亲谈判，但是情况非常糟糕。我的姐
姐和母亲完全就不说话。我的母亲建议我们三个人坐下来好好聊
聊，我同意了。而我的姐姐根本就不想讨论任何事。我和我的姐
姐说，我们的母亲正努力解决问题，而且如果她也参与到讨论之
中，我会非常感激。于是她决定参与到这场讨论中。虽然这场讨
论还是很糟糕，但是大家都把心里话说出来了，事情变得好多了。
（ISFJ）

主题四：忠诚

协调者是值得信任的。他们想要一种亲密无间的感觉，帮助家人和朋
友找到一种归属感。通过对他人忠诚，他们做出了改变。

当我决定成为 5 岁的奥斯汀的朋友时，我在人际关系中做出了改变。奥斯汀来自一个破碎的家庭，他和父亲同住。他父亲整日工作以养家糊口，所以奥斯汀会经常跟随他的阿姨去她在玫瑰湖畔的村舍，而她家就在我奶奶家隔壁。

奥斯汀立刻就喜欢上了我。他需要一些朋友。而我也希望成为他的朋友。开始时，我们一起去游泳。他刚学会游泳，所以他有点害怕水。我给他拿了一件救生衣穿上。我们一起游了一会儿，然后我告诉他游泳的正确方式。他很害怕，但是他信任我。接着，我带他去钓鱼。他从没有钓过鱼，但是我们一起抓了几条蓝鳃太阳鱼和其他的鱼。我忘不了他抓到人生中第一条鱼时露出的那种表情，那感觉真是棒极了。我真希望我们一整天都在钓鱼。基本上来说，我对小孩很好，而这也很容易做到。我只是和他在一起。我们一起玩，一起游泳，一起钓鱼，一起烤肉，一起寻找小鹿等。我结交了一生的朋友。每次我去看他的时候，总会得到一个大大的拥抱，走的时候也是如此。这真的非常特别。（ESFJ）

我的丈夫在上一段婚姻中有两个女儿。她们的岁数和我的女儿差不多。在我和丈夫相识之前，他和两个女儿之间很少沟通。当我们在一起后，他的大女儿从佛罗里达来了几次探望我们，说如果不是我，她根本就不会过来。她的小女儿打过几个电话，不过她之前从没打过电话。几周前，他的大女儿打来一个电话，聊了聊关于她儿子的一些令人不安的消息——她想把这些消息告诉给她的父亲。我把消息告诉给我的丈夫。在他完全消化这些消息后，他们进行了一次理性的谈话。第二天，大女儿打电话给我，说她和小女儿计划在圣诞节的时候过来,并且希望我去机场接她们。我并不想因此得到什么赞扬,但是我想,我的出现帮助他们更加了解对方。(ESFJ)

除了我,我的父亲还有三个女儿。可惜,他们之间并不亲密,而且他们很少说话。我的父亲甚至不记得上一次她们何时和他一起过父亲节。两年前的父亲节,我试图做出改变。我计划了一个家庭聚会,然后发出邀请。我想,父亲如果能够在某一个父亲节和他所有的女儿一起度过,那该有多好。不过,这并没有发生。那次的父亲节,加上我,只有两个女儿为他庆祝了父亲节。我想就算只有一个,也好过一个都没有。我的父亲非常开心。我现在仍然希望,那时,要是其他人也来就好了。(ISFP)

当我在黎巴嫩拜访朋友的时候,我遇到了一个心仪的女孩。但是,我注意到,我最好的朋友似乎因此闷闷不乐。我不能理解,因为他已经有一个女朋友了。我发现,他现在正希望和女朋友分手,并且开始约会这个女孩。我分析了这个情况,然后决定,我就和这个女孩保持朋友的关系就好了,因为我不久就要回到美国。我选择了对朋友忠诚,而不是选择自己的欲望。当我的好朋友知道后,我们的友谊迅速恢复了。(ESFP)

主题五:使他人开心

协调者往往认为,生活应该充满乐趣。他们开心,而且会让他人开心。他们的体贴,如在特殊的节日送花和卡片,或只是把他们的关心口头表达出来,就能够做出改变。他们往往会表现出喜欢,口头表达自己的爱意。

他们有的时候通过抚慰别人受伤的心灵或说些鼓励的话来帮助他人。通过让他人感到舒适等友好的行为，他们会尽力做出改变。

我在朋友中做出的改变之一是，我经常给他们送去卡片。我发现，当我每次去超市时，我都会不自觉地走向放置卡片的地方。有的时候，当我知道，我的男朋友压力很大或工作了一整天时，我就会给男朋友发诸如这样的短信："笑一笑，有人正在想你。"无论这个能否起到作用，我都尽力去尝试。在我和母亲的关系中，我做出的改变就是，当我回家，看到母亲在睡觉时（因为她是一名护士，而且值夜班，所以她会在白天睡觉），我就会在楼下的桌子上放一些花，这样她下楼看到的时候就会开心。我知道她的工作压力非常大。（ESFJ）

我在与现任丈夫的关系中做出了改变。这段婚姻对我们来说都是第二段婚姻，他告诉我，我让他很开心。我试着让事情对我们而言都更加简单。他说，他从来都没有意识到，人与人之间的关系可以，或者说应该变得简单。他之前一直认为，人与人之间的关系既复杂又充满挑战。这一开始时非常困难，但是我坚持做最真的自己——富有同情心，使事情变得有趣，关心他——然后我们相爱了。他现在很喜欢我所做的"情意绵绵"的事（花、食物、音乐、漂亮的东西，尤其是我的关心）。我喜欢他对我们未来的在乎，以及他对工作、朋友和家庭的在乎。我们是完全不同的两个人，但是我们一起创造了了不起的生活。事实证明，我们的核心价值观是一致的，而这在一开始时并不明显。（ESFP）

我生活在一个小镇上。每年的圣诞节，街上都会被包着白色塑料袋的蜡烛点亮。我自愿将这些蜡烛放在小镇的各个角落。有一年，我们早上出去得很早，大多数人还在呼呼地睡着觉。我们去了一些老人的家里，将蜡烛点亮，这样他们感觉很温暖。我们在学校周围放上了蜡烛，用来表示学生们很关心这个小镇，以及表示我们对传统的重视。那一天，我意识到，我们现在所做的，是让小镇在圣诞节的时候更有气氛。整个小镇变得亮闪闪的。每条路，每个出口，每座房子都点着这些蜡烛。而这也使传统变得更加完美。和朋友一起做这样的事，我感觉棒极了，而且感觉我们做出了改变。(ISFP)

在我的家庭里，我做出了一个改变，因为我总是善于表达自己。我总是会主动拥抱他人，并且会告诉他们自己有多爱他们。甚至在我非常小的时候，我就很有爱心。我的奶奶曾叫我"拥抱虫"。我想，正是因为我善于表达，所以我的家庭成员之间的关系非常密切。(ISFP)

我天生就有爱心。例如，如果有人病了，我就会给他送去汤；如果某个人需要坐我的车去某地，我就会很乐意地带上他。上周，我的男朋友得了流感病倒了，所以我给他熬了汤，给他喝姜汁以及解胃酸的药，这样来让他感觉好点。(ISFJ)

主题六：解救他人

协调者喜欢解救失落的人。而且，他们已经解救了很多失败者。他们帮助把朋友和家庭成员从虐待中拯救出来。通过接受那些被他人鼓励的人，让他们有一种归属感，协调者做出了改变。

我的学校有一个男生进了监狱。他的母亲说，他打了她（我们之后发现，这并不是真的，不过太迟了）。他的父亲和他的母亲离婚了，而且他也没有任何朋友。在三个月里，我每周二都去看他，并且帮他找了一个出狱后可以待的地方。他现在过得很好。

我遇见的另一个男生也进了监狱。他本不应该离开我们的县城的，但是他后来却不得不离开我们。他的父母拒绝和他说话，并且他所有的朋友都在家里，完全不知道他在哪里。我每周一和每周五都会去看他，并且如果探监时间和上课时间不冲突的话，我也会去看他。当他在 2 月（或更早）出狱时，他会有待的地方。因为我已经和他的老板谈过（他关进监狱之前工作的地方），他的老板保证当他出狱的时候，会给他一份工作。（ESFJ）

我有一个朋友是个酒鬼。他是一个了不起的运动员，但是在 21 岁之前，他就已经有了两次酒驾。他变得非常暴力，而且不得不退学。我认识他的一些朋友和家人，然后我们一起开导他。当他出狱的时候，我再也没有和他一起喝过酒，并且尽力让他戒酒。他已经戒酒一年了（除了有的时候还会偷偷喝一点）。他现在重返校园，而且比以前做得更好了。（ESFP）

和我一起住了三年的舍友曾经和大学的一个男生约会。这个男生是棒球队员，而她则是体操运动员。他们在一起有一段时间了，但之后这个男生变得非常大男子主义，并且经常对她生气。慢慢地，这个男生开始对她施暴。但我的朋友不知道如何结束这段关系，因为他们已经在一起很长时间了。后来，我找我的舍友聊天，我们一起预约了一个能够帮助受虐待妇女摆脱困境的协会。一周后，她终于鼓起勇气离开了这个男人，我和她一起把她的东西取回，并且我告诉这个男人，我的舍友已经受够了。后来，我的舍友对我提供的帮助表示了感激。（ISFP）

曾经有一段时间，每到凌晨 3 点，我的一位陷入困境的朋友就会给我打电话。他 19 岁，过得非常不开心。而且有几次，他企图自杀。这个时候，我就会起床，然后花上大概 1 小时的时间和他聊天，让他平静下来。我会问他，他经历了一些什么事，为什么会这么不开心。然后，我就会给出我的建议。在大部分的时间里，他都会认真听我说话，不过也有例外，然后我会接到更多的电话。我们有一段时间没有联系了，大概有 8 个月了。后来，我在一家酒吧里遇到他。他把我介绍给他的朋友，告诉他们，正是因为我，他才能站在那里，否则的话，他早就已经死了。（ISFJ）

主题七：做主人

协调者（尤其是 ESF 类型的人）喜欢开一些聚会，举办一些会议等。他们常常会让他们在乎的朋友和家庭成员等有一种归属感，让他们舒适。他们能够记住关于他人的一些事，并且尤其擅长联系他人。

最近，我母亲那边的亲戚来到了美国生活。我的那些在印度长大的堂兄妹需我帮助他们在新的地方找到安身之处。这是一个艰巨的任务。印度和美国有着巨大的差别，如文化、传统和语言。当他们到了这儿后，我帮助他们解决了很多不同的事。首先，我带他们购物，买一些看起来时尚的衣服，这样，当他们去学校的时候，就不会让人感觉怪异（我知道高中的学生有的非常粗鲁和愚蠢）；其次，我帮助他们学习英语，他们知道如何读和说，不过他们还需要一些帮助。我的姐姐和我还带他们四处逛逛，把他们介绍给我们的朋友，这样，他们就不会感觉到孤独或被孤立了。（ESFJ）

有一次，我听我的邻居说，住在我们这一栋楼的人对其他邻居并不关心。这引起了我的思考。我认为他说的是对的，不过原因在于，我们作为邻居，彼此并没有多么亲密的关系。所以，我决定在我的住处办一个聚会，把所有的邻居都聚集起来，这样大家对彼此能够更加了解。我制订了计划，发出了邀请，举办了这个聚会。几乎所有的邻居都来参加了，不过他们想知道为什么我要这么做。我告诉他们我这么做的原因。在这次聚会之后，邻居之间的关系密切了很多。现在，我们互相了解，并且互相关心。（ISFJ）

我在我的朋友米歇尔的生命中做出了改变。例如，我为她的21岁生日举办了一个聚会，给了她一个大大的惊喜。我邀请了很多人，大部分是我们教会的人，而且她的母亲也邀请了家人和一些亲戚朋友。参加聚会的人很多，米歇尔感到非常惊讶。后来，她告诉我，她原先非常担心自己的21岁生日会过得平平淡淡的。她非常感谢我给了她一个这么难忘的生日聚会。（ISFJ）

我在朋友之间扮演的最大角色就是一个联络者。我并没有想着要去做多大的改变，但是我的很多朋友如果没有和我一起的话，恐怕他们不会互相认识对方。无论是我主持还是组织的聚会，我想我都会为十几个人之间的友谊负责任。（ISFJ）

主题八：解决冲突

冲突会使协调者不自在。如果他们的朋友或家庭成员之间有了冲突，他们会愿意做一个调解人。他们往往会宽恕别人，而且喜欢别人这么做。他们能够解决冲突，从而做出改变。

> 曾经有一次在西雅图的酒吧里，我和我的五个海军朋友在一起，玩得很开心。但是，我的其中一个朋友对酒吧里的另一个客人的女朋友说了不该说的话，惹怒了这个客人。我介入其中，叫我的朋友去另一个角落。我告诉那个客人，说我们是海军，而且我的朋友非常想念他的女朋友。那个客人表示了理解，然后叫我告诉我的朋友不要和他的女朋友说话就可以了（当时他的女朋友就在他的旁边）。一切事情都得到了解决，并且那天晚上他还请我喝了一杯酒。（ESFP）

> 我曾经解决了家庭的大矛盾。当我读三年级时，我的一个姑姑一家人拒绝和家里的其他人说话，原因是我的另一个姑姑说了一些话。这种情况持续到我读七年级。家里没有人试图解决这种情况，这令我感到讨厌。而且我也不想看到在奶奶去世的时候，她的孩子还互不理睬。所以我决定帮点忙。在我的表哥 18 岁生日那年（他也没有和我们说话），我为他制作了一张生日卡片，并且给他写了一封信。我说，我还很爱他们，并且希望我们能够重归于好。然后我骑着自行车到邮局，把信寄出去了。没有人知道我所做的一切。一周之后，我的父母问我是不是给马特（我的表哥）寄过卡片和信件。我说是。然后他们告诉我，他邀请我们去参加他的毕业典礼。随着时间的流逝，我们和姑姑一家人的感

情更加亲密了。在奶奶去世之前，她知道事情在慢慢好转。当我回想起这件事时，我感到非常开心，因为是我让家庭成员又互相说话了。（ISFJ）

我的未婚夫和他的亲生父亲之间的关系非常糟糕。因为他的父亲在很早的时候就离开了他们母子俩，他因此非常讨厌他的父亲。因为我们当时正在筹备婚礼，所以我建议他通知他的父亲，说自己要结婚了。他最后给他父亲打了一个电话，告诉他我们的婚礼。我的未婚夫非常犹豫，但是他为了我和我们的婚礼，把他个人的感情放在一边。这么多年以来，他们第一次没有和对方吵架，而是心平气和地说话。后来，我们每周都会和他一起吃一次晚饭，以弥补以前错过的时光。（ISFP）

当我的朋友发生争吵时，我喜欢用笑话来消除两人之间的矛盾。当我的同事情绪低落或很难过的时候，我就会跟他们说一些有趣的故事来使他们开心。当我和朋友争吵时，我往往是第一个低头道歉的人。（ISFJ）

主题九：崇尚价值观

协调者往往根据他们的价值观来做出决定。他们有对错之感，并且会鼓励和欣赏得体的行为。他们的信念能够帮助他们在人际关系中做出改变。

当我18岁时，我考入了北密歇根大学。一天，当我回家时，我的父亲——他在密歇根上半岛居住，是警卫队的指挥官——问我是否愿意执行卧底行动。这个行动包括从附近的城镇的当地商贩那儿购买酒精，因为他们卖酒给未成年人。我当时在北密歇根大学主修刑事司法，因此我想这是一个不错的体验。我在 13 家商店买酒，其中 8 家把酒卖给了我。我想不到这居然这么容易，即使我看起来并没有 18 岁。

卧底行动结束几个月后，我的父亲传唤我。因此我必须站在酒精控制委员会那里回忆我的这段经历。那些被指控的商贩非常生气，并且威胁我。不过那些有着和我年纪相仿的孩子的父母对此表示非常感激，因为警卫队采取了行动，并且让人们注意到了向未成年人兜售酒精这件事。我希望我能够拯救一些酗酒的年轻人。我可能让那些被抓的人非常恼怒，不过利远远大于弊。(ESFJ)

1999 年 2 月，我遇到了我现在的妻子——安杰拉。我们当时并不知道，我们最后的结局会是怎样的。作为一个阿尔巴尼亚人，她根本就不被允许约会。她违背了家人的意愿，和我在一起。当我们在一起六个月后，我发现，我非常希望能够和她结为夫妻，而她也有这样的感觉。直到 2000 年 11 月之前，我们之间没有约会过，或者通话、发邮件之类的。我们唯一一次看见对方，是在教堂里，当时，我们表现得好像陌生人一样。在 2000 年 6 月左右，我们谈到了婚姻，以及我如何能够把她娶进门。在 7 月底的时候，我去了欧洲，直到 8 月底才回来。

在我不在的日子里，发生了很多事情。她的父亲给她施加压力，要她和别人结婚。因为很多人到她家提亲。她的父亲不能理解，为什么她不要这些条件这么好的人：这些人家庭背景好，聪明，而且事业成功。在我们的文化中，这就是婚姻的基础。9 月，她父亲联系的一个男孩要求和她结婚。也正是由于这个男孩，她的父亲对她非常严厉。她一直在拒绝，所以我必须做出决定。我该娶她吗？我还没毕业，也没有获得任何学位。是的，后来我决定了，和她结婚。我救了她，这样她就不需要嫁给一个她完全不认识的人。一切进展顺利。（ESFJ）

主题十：为他人牺牲

对协调者来说，为他人做事没什么大不了的。他们常常会为自己在乎的人牺牲时间和精力。协调者会尽力通过无私地为他人做事来做出改变。

我的一个朋友摔伤了腰，需要去医院，因为他走不了路。我提出送他去医院。我的这个朋友常常抱怨没有人为他着想。通过我的自愿帮助，他现在又对人们充满了希望。（ESFJ）

去年夏天，我男朋友的家里失去了一个家庭成员，全家人沉浸在悲痛之中。当时我的男朋友从密歇根开车到东俄亥俄，来与我共度周末。他到这里几小时后，接到了家里的电话，说他的表哥去世了。他第二天早上就离开了东俄亥俄，告诉我说他没事，叫我不用和他一起回去。我看得出来，他很难过，然后我决定自己开车回去，在他和他的家人有需要时，提供帮助。我知道，我的出现为这个家庭提供了一些帮助。（ESFJ）

我的男朋友在工作的时候受了伤，失去了一切。我帮他走出困境，减少了他的压力。我的妈妈做手术时，在她完全能够自理的两个月后，我还继续照顾着她。我为我那3岁的儿子创造了一个稳定的生活，虽然我现在是一个单亲母亲，要克服很多困难才能实现那个目标。我的朋友丹尼尔拔了四颗智齿，而当时她的父母都不在身边，无人可以照顾她。于是我就自愿承担起照顾她的责任。（ESFJ）

协调者与其他核心性格类型的人的对比

协调者不全是一样的，他们还和其他核心性格类型的人具有相似的特征。协调者一般通过私人的方式来做出改变。和稳定者一样，协调者偏好感觉（有关稳定者的描述见第 4 章）。无论是协调者还是稳定者，他们都注重细节、现实和目前的情况，只不过稳定者以一种逻辑、客观的方式来重视目前的情况。

与有感染力者（有关有感染力者的描述见第 6 章）一样，协调者偏好情感。协调者和有感染力者都注重自己的价值观，尤其是工作或人际关系中的以人为导向的价值观。协调者重视细节，以及当前情况中的个人；而有感染力者在细节中寻找规律和联系，从而寻求一种方式来解决当前的状况。

协调者与远见卓识者之间的共同之处最少（有关远见卓识者的描述见第 7 章）。相对于远见卓识者而言，协调者更关注短期目标，以更加务实、客观的态度来看待事物。同时，他们更关注那些他们想要帮助的个人，以使这些人更有归属感。

相关练习

在阅读第 6 章之前，请先完成练习 8 和练习 9，看看你是否能应用本章中提到的主题来帮助你在工作和人际关系中做出改变。

练习 8　利用协调者的性格特征在工作中做出改变

利用本章中提到的协调者的性格特征，根据自己在工作中可能的使用频率，选择相应的等级。等级说明如下：

0=几乎从不

1=很少

2=偶尔

3=经常

4=几乎总是

1．帮助他人（关心、接受和支持他人，不主观判断，倾听他人）

　　　0　　　　　　1　　　　　　2　　　　　　3　　　　　　4

2．积极向上（乐观，容易接近，热情）

　　　0　　　　　　1　　　　　　2　　　　　　3　　　　　　4

3．具有包容性（营造一个有趣的氛围，在团队建设中扮演着重要角色，让队员有归属感）

　　　0　　　　　　1　　　　　　2　　　　　　3　　　　　　4

4．了解他人（从私人方面了解同事和老板，为客户提供个性化的服务）

0　　　　　1　　　　　2　　　　　3　　　　　4

5. 尊重他人，举止得体（崇尚黄金法则，向同事展示价值观和道德观，推崇公平、礼仪、和平等）

0　　　　　1　　　　　2　　　　　3　　　　　4

6. 解决冲突（乐于助人，避免会产生矛盾的问题，减少压力）

0　　　　　1　　　　　2　　　　　3　　　　　4

7. 对企业忠诚（对组织和组织成员忠诚，自愿提供帮助，坚定忠诚）

0　　　　　1　　　　　2　　　　　3　　　　　4

8. 解救他人（支持他人，帮助迷失的人，鼓励失败者，创建更加友好、温暖和公平的工作环境）

0　　　　　1　　　　　2　　　　　3　　　　　4

9. 提供舒适（重视工作环境的舒适度、食宿和美感）

0　　　　　1　　　　　2　　　　　3　　　　　4

10. 制定次序（崇尚秩序，创建一个整洁、安全的环境）

0　　　　　1　　　　　2　　　　　3　　　　　4

请保留这些判定结果，因为在第 8 章的计划练习中你还要用到。

📝 **练习 9　利用协调者的性格特征在人际关系中做出改变**

利用本章中提到的协调者的性格特征，根据自己在人际关系中可能的使用频率，选择相应的等级。等级说明如下：

0=几乎从不

1=很少

2=偶尔

3=经常

4=几乎总是

1. 帮助他人（关心、接受和支持他人，不主观判断，倾听他人）

    0   1   2   3   4

2. 鼓励他人（让他人对自己有信心）

    0   1   2   3   4

3. 说出感觉（坦诚，并且希望他人坦诚；客观、直接但有礼貌地表达自己的感觉）

    0   1   2   3   4

4. 忠诚（信任他人，创造团结感和归属感）

    0   1   2   3   4

5. 使他人开心（微笑，并且使他人微笑，友好，减轻他人受伤的感觉，表示欣赏）

    0   1   2   3   4

6. 解救他人（支持失败者和堕落的人，帮助他人脱离糟糕的环境）

    0   1   2   3   4

7. 做主人（在聚会等场合将人与人联系起来，让他人感觉舒适，并且有归属感）

    0   1   2   3   4

8. 解决冲突（扮演着和事佬的角色，宽容，解决冲突）

| 0 | 1 | 2 | 3 | 4 |

9. 崇尚价值观（根据价值观做出决定，分辨正误，鼓励得体行为）

| 0 | 1 | 2 | 3 | 4 |

10. 为他人牺牲（为他人做事，无私地为他人花时间和精力）

| 0 | 1 | 2 | 3 | 4 |

请保留这些判定结果，因为在第 8 章的计划练习中你还要用到。

第6章

"有感染力者"如何做出改变

　　那些偏好直觉和感情的人往往善于交流，他们会捍卫他人的利益。我们将这种类型的人称为有感染力者。如果你已经通过四字母性格类型的中间两个字母了解到自己是一个有感染力者（一个 NF 类型的人），那么本章就是为你而写的。你也可以通过本章了解拥有此种核心性格的人。

　　首先从针对这类人的"侦查报告"开始，然后对他们的性格特征进行更详细的描述，并列出他们在研究报告中展现的其他性格特征。

📝 **针对有感染力者的"侦查报告"**

有感染力者往往：

- 为了发现和发展各种可能性，提供自己的温暖、热情和精力。
- 有远见，具有创新精神。
- 相信缘由，尤其是以人为本的缘由。
- 善于有激情地交流，强调价值观。
- 会因为人际关系和相互联系而充满能量。

- 灵活化结构、角色和程序，以让他人感到自然。
- 具有巨大的能量。
- 会首先关注他人的优点，并且推动他们的长远发展。
- 重视权威、和谐和灵感。
- 希望事物是可以享受的、有意义的，以及充满乐趣的。

总之，有感染力者常常通过以下方式做出改变：

- 在工作上，他们激励他人用自己的力量为组织和同事做出贡献。
- 在人际关系上，他们鼓励成长和见解，并且充满活力地交流。

关于有感染力者的更多细节

读者依然需要记住的是，以下对有感染力者的描述只反映一般特征，并不适用于所有偏好直觉和感情的人。同时，具备其他三种核心性格特征的人也可能发现他们拥有本章描述的一些特征，这是因为环境和性格偏好共同影响行为。不过，从整体而言，这些描述能够帮助你了解有感染力者核心的性格特征。

有感染力者对于发现和检查各种可能性具有极大的热情。他们想要了解信息、人类和生活本身的意义。他们会尽力让自己有见解，有创造力，并且用自己的沟通能力来吸引他人。他们是信仰者，因此，他们根据可能性和自己的价值观做出决定和鼓励他人。相对于具体的生产项目，他们更喜欢与人及人的发展相关的新项目。他们对事实背后的规律非常感兴趣，并且想利用自身的见解来了解人际关系。他们的热情使他们更善于交流，并且能够表达他们所看见的各种可能性，以及与这些可能性相关的价值观。研究表明，他们喜欢提供或接受精神方面的服务，尤其是那些强调以人为本的服务。他们喜欢那些具有远见、创新和以价值观为驱动力的人。

有感染力者喜欢在那些能够代表他们的信仰的机构中工作，也就是说，企业要有创新性，并且要面向未来。同时，企业要利用那些强调发展和人际关系的策略。他们理想中的组织有着松弛的结构，允许员工在工作中发展。他们喜欢灵活的程序，因为这些程序可以让人们运用自己的判断和直觉。在商讨对策的会议中，他们能够给人们带来活力。

作为领导者，有感染力者特别民主、有感召力、理想化和热情。他们善于交际，能够自如地赞扬他人，化解冲突（除非这些冲突与他们内心深处的信仰紧密相关）。他们有活力，乐于随时改变自己的决定。他们会先了解所有同事的优点。当你冒犯了有感染力者时，你有可能会失去他的支持。有感染力者追求机构所有成员的发展，并且往往会极力支持培训和教育的机会。

有感染力者喜欢利用自身主要的技能，也希望他人这么做。由于他们出色的沟通技能，他们往往会从事客户服务或公关这类行业。他们会为他人着想，并且往往会认为他人是好人，也很重要。他们重视创新、刺激、协调和权威。他们有的时候会过于在乎可能性，以至于他们会过于冒险，也就不那么守纪律。他们不仅喜欢倾听，也喜欢述说；他们会根据屋子里的情况来判断成功与否。如果你提出的建议有利于发展人际关系，或者你提供新的见解和观点，那么他们很可能支持你的想法。你要做的，只是确定这个过程是可以享受的、具有意义的，而且是充满乐趣的。

在团队中，有感染力者喜欢那些对人们重要的练习。他们一般喜欢多样性，并且想要所有人为着共同的目标一起努力。他们可能希望团队中的其他人也会对处理那些有关费用、议程及其他细节和数据的控制功能感兴趣。

对有感染力者而言，这些特征还出现在工作之外的人际关系中。事实上，所有的人际关系（与爱人、朋友、泛泛之交、邻居和同事之间的关系）对他们而言都非常重要。他们友好，有见解，而且热情。同时，他们希望别人也是如此。他们在乎别人。他们会因为人际关系而活力四射，无论这些人际关系是私人方面的还是工作方面的。

有感染力者之间的差别

并非所有的有感染力者都是一样的。例如，那些偏好内向的有感染力者（INF）可能犹豫要不要把自己的想法表达出来，但是他们的行动表达了他们对他人的关心和同情。这类人往往会在那些描述人类体验的文学作品或视觉艺术中找到成就感。外向的有感染力者（ENF）更愿意用集体的方式表达他们对人们的信任，并且会用诸如"如果我们一起努力，我们就能做到"的话语来激励人们。这类人有着了不起的沟通技能，而且具有极大的号召力。偏好判断的有感染力者（NFJ）一般更加坚定。他们坚定的信仰会使他们尽力去说服别人，并且会避开或鄙视那些对自己的原则不忠诚的人。那些偏好感知（NFP）的人往往更加灵活，而且有的时候相对而言，会更加重视人际关系，而不是某一个特定的原则。他们有活力，有创新精神，能够了解某个观点的方方面面，注意力也并不是特别集中。

有感染力者在工作中做出的改变

当有感染力者利用自身性格的优势时，他们会在工作中做出怎样的改变？下面的每个主题都代表了研究中的有感染力者所表现出的性格特征。每个主题都以故事形式呈现，这些故事由参与者撰写，并且在每个故事的结尾都会附上故事讲述者的四字母性格类型代码。

主题一：实现梦想

有感染力者相信自己所在的组织，并且鼓励组织的发展。他们会竭尽所能来帮助促进组织的长期发展、变革和壮大。他们的理想主义极具感染力，而且他们会帮助别人成为他们能够成为的人。

> 几年前，我被派加入全球女性的特别行动小组。虽然我只是做一个观察员，但是我提出了问题的解决方案。我的想法得到了大家的认可，事情也发展得很顺利。最后，上头要求我在巴黎将此方案展示给一家大型跨国汽车制造企业的三位高层领导。虽然这个想法最终没有被付诸实践，但是它使我们这个行动小组引起了人们的注意。（INFP）

> 我和具有发展性障碍的人一起工作。我雇用他们，培训他们，并且追踪他们的成功。我还给他们提供了食宿以保证成功无论是对员工还是雇主来说，都是一件好事。我总是激励我的员工。我支持他们的梦想和兴趣。我感觉到，在我的支持下，他们效率更高，做事更加投入。我鼓励手下的员工，授权给他们，分享他们

的想法。我一直都坚持这么做。我相信，对他们而言最重要的事，对我也是最重要的。这也是我在工作之外的观点。（ENFP）

六个月前，我在一家著名的卫生保健所得到了我的第一份真正的工作。我记得当我刚开始工作时，自己有多兴奋。我在人力资源部工作，而这也是我想服务的部门。我为一家治疗癌症的非营利机构做事。我对这个真的非常感兴趣。我第一次感到我可以成为某个了不起的组织中的一员，我能够做出改变。但我很快就意识到了办公室里的钩心斗角。我首先注意到的是，人力资源部的人分成两派，一边是执行派，另一边是雇用派。执行派和雇用派的主管都是五十几岁的女人，她们谁也不理谁，这就形成了两个派别。我在执行派工作，和那些在雇用派的女孩们成为好朋友。我们都认为两个派别的形成很荒谬。我们开始计划让两个派别合作，形成一个整体。我在自己的部门中做出了改变，因为我使两派的人开始走到一起。我现在很期待我们计划在圣诞前一周举办的"交流会"。我希望我们能够更好地融为一个整体，团结合作。（ENFP）

主题二：看到每个人好的一面

有感染力者往往会看到他人好的一面。也许你对有感染力者并不好，因为你并不真诚，但是，这些有感染力者喜欢关注别人好的一面。因此，他们也就自然而然地喜欢多样化。他们不喜欢有流言蜚语影响到集体的团结。如果存在差异，他们会试着寻找一种双赢的方式来保证集体的团结，并且会利用反方论点中的一些不错的想法。

　　我是一个大型社区的物业管理主任，手下有 24 名员工——其中 12 名员工来自维修部。其中一名员工罗伯，特别有天赋。他能够修理所有的东西。要不是他有两个自身无法控制的问题，毫无疑问，罗伯将是下一任主管。他的两个问题就是，他每天都会喝大量的酒，抽大量的烟。我就这两个问题找罗伯谈过几次，但是他并不认为自己有这些问题。一次，他喝了酒后去一个住户的家里维修。他本应被立即解雇的，但是我让罗伯写了一份保证书。在第二个月，类似的事情又发生了——我又让他写了一份保证书，没有采取进一步的惩罚。

　　有一天早上，罗伯在安装一根管子时，不小心把一条绝缘线烧着了，结果导致六座公寓被烧毁了。这次是罗伯最后的机会，那一天我就把他解雇了。我觉得我必须这么做。他非常伤心，乞求我的原谅。这是两年前的事了。罗伯和我现在还保持着联系。每次我和他谈话，他都会感谢我那次解雇了他，并且觉得我应该早一点就解雇他。我问他为什么，他回答道："你让我清醒了。"他现在在一家大公司的维修部工作。他说他的婚姻比以前好多了，也有了一个工资更高的职位——维修部主任。我对他说，他过于赞赏我了；是他自己做出了改变，我只不过通过解雇他来给他施加额外的一点压力。我很高兴，这对他行得通。（ENFP）

　　当我在一家律师事务所做文员的时候，我发现办公室里有很多流言蜚语。我并不喜欢这些，因为我觉得这些流言会影响工作的质量。另外，它还会影响同事之间的关系，导致人们之间的不信任。作为一个年轻的员工，我对我的这个第一份工作充满了热情。我希望自己可以多学点，并且具有高效率。因此，我控制自己，不传播自己听到的流言，甚至拒绝参与这类的谈话。正因为如此，我赢得了同事的尊敬和信任，因为他们认为我是一个严肃认真的人。事务所里的一些人注意到了我的行为。他们问我为什么这么认真。我回答说，自己的行为是负责和专业的。他们认为我的话有道理，所以他们也不再传播流言以赢得别人的信任和尊敬。（INFP）

在我曾经工作过的酒吧，不是所有人都能相处得很好的。我试着让自己表现得友好，并且想让大家都和睦相处。我和每个人都成为朋友，尽管他们还会说别人的坏话。很快，经理就注意到我和同事之间的友好关系，于是提拔了我。（ENFJ）

主题三：善于交流

一般而言，有感染力者往往具有良好的沟通能力，因此他们能够通过公关、营销和形象设计来为组织做出改变。他们在语言方面的天赋使他们能够通过翻译来为他人服务——无论是把一种语言翻译成另一种语言，还是把复杂的语言变得浅显易懂。

在我工作的计算机商店里，一位耳聋的男士走近我的柜台。他示意我给他一支笔。然后，我们通过纸上对话沟通。后来，我的柜台变得非常忙碌。于是我请我的同事帮忙，而我继续帮助这位耳聋的顾客。最后，我给他提供了他想要的产品，并向他传递了很多信息。他和我握了握手，感谢我的耐心帮助。（INFP）

当我在军队服兵役时，我是迫击炮小队中的炮手。一次，我被派到德国驻守。当我们的部队在街上巡逻的时候，德国的一些建筑工人把我们拦住了。他们不会说英文，而我的长官也不会说德语。一些人知道我会说德语，于是他们就叫了我。我帮忙做翻译，解决了交流问题。别人告诉我，因为我的交流技能，我做出了改变。当然，我的交流技能在那天起到了作用，部队因此得以前进。（ENFP）

我在商场的一家大型高端零售店工作。我学到了如何在客户服务中做出改变，其中一个方法就是要有积极的态度。我们严格的退货政策使得我们的客户往往不愿意接受。客户会带着破了的牛仔裤，要求退货。我从来没有提高自己的嗓音，表现得很激动或不高兴。我会微笑着对他们说："对不起，您不能退货。"这不仅让我感觉好点，也会让顾客感觉良好。因此，同事也学会了如何与那些难缠的顾客打交道。一天，一个年轻人拿着一套牛仔服来到店里。他说他没有穿过。这套牛仔服看起来就像被人穿着在泥土里滚过一样。我对他道了歉，然后平静、友好地对他说，我们不能接受他的要求。我对他说："我相信您没有穿过这套衣服，但是别人穿过。您需要找出这个人，这样他就要为您的这套衣服负责。您的朋友这么做，我想并不恰当。"他听了后，没有说什么。他来的时候非常生气，但是离开的时候心情好多了。不久，当我的同事听说了这件事情后，他们想这是一种非常好的处理方法。其中的一些同事就开始模仿我的方法。（ENFP）

在我工作的地方，我的上司不给我们说话的机会，也并不尊重我们。同事们不敢提出异议。我将这件事告诉给了管理层，不过没有指出姓名。这位不尊重我们的上司也参与了这次谈话。她指出没有所谓的好语气和坏语气。当她这么说的时候，她反而证明了自己对我的不尊重。后来，我的经理和同事赞扬了我的直言不讳，并且这位上司被责令改变她对员工的说话方式。我相信，这件事不仅关乎一个人说了什么，还关乎这个人如何表达。（INFJ）

主题四：拯救团体

有感染力者相信原则，并且提倡原则。他们希望人们会为了集体的利益而站出来。他们会兼顾员工和顾客。

我曾经在一家牙医诊所工作。这里的病人都是那些患有精神疾病、癌症、艾滋病的人和那些需要做移植手术的人。我们的很多病人都是保险不足的，或者没有保险的，而他们的医疗费又往往很高。很多次，我都提醒患者去申请额外保险。同时，我还调查看看他们的这些费用能否被列为医疗费，这样这些账单给他们带来的压力就大大缓解了，因为他们还要面对更具有压力的健康问题。（INFP）

我决定告诉老板，由于工作时间，他需要提高我们的工资。我们的工资结构是基本工资加提成。这个工资结构于一年前设立。我报告了我最近两年的工作表现后，提出了这个加薪的想法，然后我的基本工资和提成都增加了。我想，我增加了每个人的薪水，而不仅仅是我一个人的。我很开心，自己能够向老板说出自己的这个想法。就在最近，我的另一个同事的薪水也增加了。我

在他的生活中做出了改变，我感觉非常棒。（ENFJ）

我在工作中做出的改变是积极参与。作为一名团队领导者、健康和安全销售代表以及合格的发言人，如果有任何方法可以提升组织和同事的工作质量，我就会提倡并参与其中。对我而言，持续做出改善是至关重要的。例如，作为健康和安全销售代表，我设计了一个行动方案来推广耳塞的使用。在工厂里，每天的噪声都非常大，如果没有耳塞，工作会非常辛苦。我首先安排了时间，为每个人测试听力。我通过邀请他们一起喝咖啡等方式来鼓励他们参与。然后，我每天都会在上班时间之前到工厂里转一转，分发耳塞，并鼓励他们使用。这样持续了几个月后，工厂里的员工都接受了。很多人现在意识到，不佩戴耳塞工作对他们的听力有很大的损害。（ENFJ）

在我的硕士课程中，我学习了如何建立一个急救中心（EOC）。当我在黎巴嫩访问的时候，一场战争爆发了。所幸，我所在的城市离那儿很远。大量的避难者逃进这座城市，于是我告诉市长，我知道如何建立急救中心。于是，市长让我帮忙制订相关计划。我负责战略指挥所，给那些难民分发食物和干净的水。因此，通过我在美国学到的东西，我做出了改变。（INFJ）

主题五：发展他人的潜力

无论是对个人还是对集体而言，有感染力者往往扮演着改变者的角色。有感染力者非常重视个人成长，并且会通过传授或帮助他人学习人生教训来做出改变。一般而言，他们想要帮助他人发展潜力——不仅仅是技术。他们想要看见人们发展自己的知识和技能，从而成为他们能够成为的那种人。

　　整整两个暑假，我都在招募和监督一个项目，这个项目是针对少数女性青少年的。我花费大量的时间和精力，帮助这些人了解自己的价值、潜力和了不起之处。我准备了很多研讨会和讲座，讨论她们的性格、态度和认知等这些小细节会对她们产生的巨大改变。这些课程主要涉及领导力、美德和目标。我让她们想想自己的长期目标和短期目标，以及教育的重要性。对很多人来说，参加我的夏季课程，使她们不再陷入麻烦之中。她们获得了积极向上的友谊，并且在她们之间形成了一个支援体系。这个项目不仅对这些女性青少年有着积极的影响，对我自己也产生了影响。我了解到自己的长处和短处。同时，我还知道了自己的激情在哪里。我意识到，当自己帮助别人、监督别人或有所付出时，自己会有极大的成就感。我对青少年有着一股热情，希望通过言行来指导他们。（INFP）

　　我在一家广告媒体公司工作，不过公司里的很多同事都没有创意（如会计、媒体、研究等）。当上司要求他们提出新的想法来推广自己的领域时，他们往往不能完成。因为他们不知道如何有创意地想。所以我试图找一些方式来解决这个问题，然后我发现有一个技巧行得通。我说服了领导层，让他们允许我去学习这个技术，并为我付学费。我学成归来之后，将这个技术教给了 500名左右的员工。这引起了巨大的反响。现在，在大多数的会议中，这个技术还在使用着。而且，公司还以此来创建大型的"文化变

革"，帮助公司更加接近它的目标。三年后，这个技术还在使用中。（INFP）

我和新来的生产总监共事，帮助他将有关工厂运作的信息呈现给高级领导层。我经常得到人们的反馈，这些反馈是关于我如何提高他们的技巧和信心的。他们告诉我，我教给他们的技术会伴随他们一生。一位来自中国的员工告诉我，每当他和别人说话的时候，他似乎总能听见我对他的提醒——"把语速放慢"。在过去，我曾做过再就业咨询员，帮助了上百个人学习新技能以获得新的工作。这些技能包括简历书写技巧、面试技巧、营销等。当地的一家酿酒厂倒闭之后，我在一年之内帮助98%的人找到了新工作。（ENFJ）

主题六：发展信念/价值观体系

有感染力者往往会将组织的任务个性化。他们想要在一定的背景中工作，想要为与他们的价值观一致的组织服务。虽然他们重视公司的赢利，但是他们仍然想要保证这种成功对公司的人也有利。通过战略性地使用组织的价值观，他们在组织中做出了改变。

我是一个游泳池的经理。在每个夏季末，泳池里的水都会变绿，没有人知道这是为什么。我研究了各种可能性，找出了原因。我将这个信息反映给了我的老板。同时，我还创建了一本"经理备忘录"，其中提到了在经营和管理游泳池时的责任和义务方面的困惑。我的这本备忘录详细地记录了任务和目标。现在，这本备忘录为每个新来的经理所用，并且帮助降低了费用，解决了游泳池变绿的问题，从而使管理更加高效。我是这个社区的高校游泳队代表。通过确保泳池的质量，我做出了改变，我很开心。（ENFP）

我在一个"质量小组"里工作。我们每周都会开会，讨论一些问题，然后提出解决的方案。我们需要改变现有的程序，以保证系统运行得更加有效，同时员工也会感到满意。我们（作为员工）有结构化的职位。任何错误都会使我们受到指责，而我们现有的系统则会随意地泄露我们所受到的指责。这影响了士气，使我们更加沮丧，而这可能会让我们犯更多的错误，而且这些错误也没有记载。我们很难定位具体的问题，然后进行所需的培训。我提出了解决办法。我建议我们建立一个电子表格来做记录。这既消除了指责的随意性，又使我们员工有记录可查。这在说明员工的义务的同时，也使对士气的负面影响最小化。它为员工建立了一种控制机制。（ENFJ）

我喜欢做志愿者。我在一家私立学校上学，经常参加各种志愿者活动。这是因为我们必须抽出时间为他人服务。但这并不意味着我不喜欢这么做，相反，我非常喜欢。去年，我志愿在当地一家健康诊所服务。我一周去一次，做一些简单的工作，如为计划生育贴标签、归档文件、与人们交流以及帮助办公室里的女性完成任务。我总是和我的室友一起去那儿，我们有很多的乐趣。在那儿工作的女性对我们的帮助表示感激，并且表示希望我们能够一直去那儿。她们不仅喜欢我们的帮助，她们还喜欢和我们在一起。这是个很好的机构，能帮助所有的人。我很高兴成为其中

的一员，帮助各个年龄段的人解决个人生活问题。(ENFP)

主题七：通过人际关系推动改变

有感染力者往往为了宏伟的目标、标准或价值观来激励他人做出改变。例如，他们会协调个人与部门之间的关系。他们追求团结，崇尚 "我们需要一起努力"。

> 我是一家快餐店的经理。每年年末，店铺经理需要对每位员工的工作进行评价。这种评价过程既冗长又复杂，而且往往会伤害到一些员工，导致他们会指责经理。后来我提出了一种方法，让所有员工参与到评价过程中。店铺经理非常喜欢这种方法，于是我们便开始实施。我们向经理解释了这个过程：首先，每位员工要自我评价，并在评价他人之前为自己设定三个目标。其次，所有经理离开现场，评价员工的目标和表现。再次，经理共同为每位员工打分。最后，店铺经理会分别与每位员工面谈，并提供评价。这种方法受到了大家的一致好评。员工认为这比以前更公平，经理觉得自己在店里有了更多的发言权。店铺经理也感到压力减轻了。(ENFP)

> 我现在正在重建我们团队的信用。以前，在我们的部门，有几位不好的经理，他们似乎总是被动做事，因此我们的团队总是被认为是 "加工机"。我现在正努力推广一种更加主动和更具有战略的管理方法。我相信，人力资源部的价值在于解决人们的问题和组织的需要。(INFP)

> 作为一个年轻的女性设计学习者，我常常发现自己需要向我

的男性同事证明自己。我在一家大型的家居装饰店担任厨房设计师，以获取自己所在领域的第一手资料。我遇到了这样一些情况：由于计算的错误，我们不得不重新订购橱柜或减少收取的费用。于是，我想出了一个办法来解决这些问题：互相检查对方的工作（这样不会冒犯到任何人）。当有顾客询问设计方案时，空闲的设计师就会安静地坐在后面，记下某些特别设计，如空间如何同时满足功能和美学的要求，以及是否有足够的空间使得家用电器和橱柜能够自由地打开和关上。我们不会在顾客面前提出反对或建议。作为最初级的设计师（以及一个女性设计师），我一开始就知道，要提出一个让同事认可的方案并不容易。所以，我很快就意识到，需要通过一个我的团队尊重的人来提出这个方案。多亏了我的上司的帮助，我们提出了为新的设计师进行培训的方案。所以，通过让这些老设计师感觉自己似乎在训练我，使他们觉得他们在为我们的商店做出额外的贡献。我们注意到，我们可以通过消除小错误来减少损失，从而不会让那些受到重视的设计师感到难堪。我学到了重要的一课：不是所有人都想知道是谁制订了这个计划，而且让一个更具有威信的人提出解决办法往往是一个明智的选择。（ENFP）

主题八：具有创新精神

有感染力者会通过各种方式来鼓励创新。很多有感染力者对自己的工作环境有着了不起的美学感。他们的创新性常常会在自由讨论的会议中得到激发。他们常常帮助他人用新的方法解决问题，用新的方式表达信息，以及用新的途径帮助组织取得成功。

当我在一家大型广告公司工作的时候，我担任着撰稿人这个不起眼的角色。我发现公司可以通过几种方式来提升自己的形象，于是我重新写了策略，并且设计了 10～12 个与以往完全不同的新广告。我的广告不仅被整页刊登在《今日美国》上，还被客户放在了他们公司展厅的产品旁边。其中一个标题被一个热情的读者印在了 T 恤衫上，然后在运动会的时候分发出去。同时，我们还收到了大量的匿名信，告诉我们这些广告有多么激励人。总之，我的这些广告取得了巨大的成功。（INFP）

我目前在学校的一家书店工作，管理教材。最近，我们的一个衣服/产品代表商在店里和老板会面。然后，他们叫了我和另外一个同事一起开会，询问我们就那些他们不愿卖给客户的商品进了多少货。我看了一些样本和衣服的不同型号，我的同事和我选了几套衣服，这些衣服正是他们决定订购和出售的。之后，我的老板问我是否愿意和我的同事一起管理产品代表商在网站上展示的那些衣服，因为这很无聊。我的老板不仅让我们帮助他做决定，而且给了我们一个机会来宣扬店铺的形象，从而做出了正面的改变。（ENFP）

当我在工作上重新设定建筑面积时，我试着就最佳交通量和最佳视觉给出我的建议。我的经理同意了我的想法，然后告诉别人："她总是有不错的想法。"（INFP）

在我所做的不同工作中，我遇到了很多事，其中一些事虽小，却产生了巨大影响。当我在迪士尼分店工作的时候，我们有很多毛茸茸的玩具商品，而这些玩具有的时候并没有其他商品卖得好。我们的销售额很低，而我们需要实现销售目标。所以我的经理叫我在商店门前展示我们的商品来吸引顾客。我将毛茸茸的玩具重新放在一个展示桌上。那一天，我们几乎将这种玩具全部卖出。因为玩具在原先的地方并不为人所见，因此也就无法吸引顾客的注意。（INFP）

主题九：激励他人

有感染力者往往是热情、有趣和充满激情的。他们常常会激励他人，让他人相信自己能够完成困难的任务，并且享受这个过程。他们是有号召力的领导者，激励人们团结起来，一起为目标奋斗。

我在银行工作的时候，出纳员与出纳员之间会有矛盾。这些出纳员都是女性，而且每个人都喜欢领导他人。当时我在这家银行做实习经理，负责处理这类事情。总出纳员上班会迟到，而她负责在其他出纳员没有钱的时候，将钱补给她们。因为她不在那儿，所以一位出纳员自行打开金库，将钱拿了出来。当这个总出纳员来上班的时候，她对此非常恼火。她们之间起了大冲突，于是我不得不进行处理。我和她们一起谈了话，要她们解释问题的所在。我担任着调解者的角色，直到问题得到解决。当她们互相道歉之后，我告诉所有的出纳员团队合作的重要性。我指出，分裂会破坏整个团队。我相信，这次谈话使这些出纳员了解了情况。在我实习的剩余时间里，争吵和冲突明显少了很多。大家都尽力团结合作。（INFP）

在上一份工作中，我带领团队完成了每个人的销售目标。他们的目标很高，但信心很低。一天，在他们换班前，我邀请他们和我一起在店里走走。我挑选了主要的商品，并要求他们尽可能多地告诉我有关该商品的信息。他们提供了很多信息，我也做了补充。整个过程大约花了 15 分钟。最后，我告诉他们，他们已经成功说服了我，因此他们可以利用这种策略向顾客销售商品。那天晚上，每位员工都实现了自己的销售目标，甚至还远远超过了店里当天设定的销售目标。改变态度、增强信心，永远不会有害。（ENFJ）

即使我不是经理，我也会经常被要求带领团队。我会主动帮助他人，做好事情。如果没有我的话，整个团队就会垮掉。同时，我还是团队的"啦啦队长"，鼓励我的队友，帮助他们渡过难关。通过告诉我的队友，他们在做一份多么了不起的工作，以及我们完成的目标，我鼓舞了我的团队。（INFJ）

主题十：帮助他人理解

有感染力者往往会寻找和提供建议。他们想要别人理解他们所做的事情的重要性，以及这将如何有利于组织和个人的成长和发展。他们想要回答所有的问题，这样人们理解的是意义，而不仅仅是答案。

我是一个注册呼吸治疗师，我喜欢了解我的领域里的最新进展。例如，我帮助我的患者和他的家人了解疾病，并且告知他们一些测试的原理。同时，我还耐心地解答他们的所有问题。他们告诉我，我帮了一个大忙。我经常这么做。我相信，对自己疾病的了解是非常重要的，并且我鼓励人们提出问题。如果我不知道答案，我就会从知道的人那里了解答案。有一次，我花了很长时间和一个要冒很大风险做手术的病人在一起。我鼓励他多问问医生，而他并不愿意这么做。我为他收集了很多资料，给了他一些参考信息。当他康复后，他将信息和我分享，并且感谢我曾经鼓励他提出问题。（ENFJ）

去年暑假，我在家乡的一个汽车经销店里工作。我是一个接待员，做诸如接电话、归档文件、记账、解决客户问题等一些琐碎的事情。在我的职责当中，我觉得自己为店里做出的最大贡献就是，我做了一个研究以保证我们的记账系统运行正常。在店里记账是一项非常困难而且又单调的工作，但是它非常重要，也很有意义，因为它能够防止很多长期和短期的问题。我在会计部的工作就是确定零部件和服务记录是相符的。我们会订购零部件，在我们的服务部使用。如果我们漏掉了某些记录，就会对不同的人产生不同的影响。这些失误可能包括：机械部分的价格出错，库存不正确（要么订购得太多，要么订购得太少）。账目不对，客户不能得到退款。我是这项工作的主要负责人，但是我还要和他人一起合作。客服经理、零部件经理和办公经理都给予了帮助。我们不仅要讨论问题，还要收集信息以便每天工作的展开。这个团队中的所有人都相互信任。因为我将所有的信息都放在一起以保证会计部的正常运转，所以团队里的每个人都很重视我。（ENFJ）

在工作中，我们丢失了很多关于我们提供的多种投资产品的信息。关键问题在于，每当我们面临有关新的生产线的深度问题时，我们的高级营销员（包括我自己）就会变得不知所措。我的经理找到我们几个高级营销员，以获得所有的信息来应对我们的营销员可能遇到的问题。我们三个人花了将近一周的时间来整理信息，为其他的员工提供一个"产品圣经"。我为自己能够帮助公司和其他员工感到自豪和开心。（ENFJ）

有感染力者在人际关系中做出的改变

有感染力者如何运用自身性格的优势在人际关系中做出改变？

主题一：极度感情用事

有感染力者非常在乎别人，也会自由地展现他们的情绪。他们一般想和人们有密切的关系，而不仅仅是泛泛之交。他们深刻的感觉也会在人际关系中提高情况的重要性。

六年前，我的姐姐在一家药物康复中心工作。她是一名大学生，在这家中心做兼职，帮助照顾那些正在康复的人的孩子。我既是一名保姆，也是一名学生。一天，她打电话对我说，有人把女婴落在了康复中心。这个婴儿大约 6 个月，而她的妈妈正关在监狱里。一时半会儿这位母亲还不会被放出来。这个中心叫我的姐姐一天 24 小时照顾这个女婴。此刻当我写下这些文字，我的内心依然为我们所展现出来的力量而感到惊讶。我的姐姐和我，以及我的母亲，时时刻刻照顾这个婴儿。因为我的姐姐正在上学，所以当她上课或需要休息的时候，我们就会帮忙照看婴儿。

六个月后，这个婴儿回到了母亲的身边。在过去的七年里，我仍然与这个婴儿以及她的家庭保持联系。在这期间，当她的母亲无法照看她时，她就会被送到我这儿。这是我的生命中最值得骄傲的经历。她的母亲根本就不知道如何照顾自己或照顾这个婴儿。我试图教她如何照顾她的小孩，以及想想如何才对这个小孩最好。最重要的是，我改变了这个小女孩的生活。她太了不起了。她在经历了这么多困难与波折之后，依然保持着积极、乐观、向上的态度。我只是负一个保姆的责任来照顾她。我教她如何无条件地爱以及接受爱。我想这是人生最重要的课程。我给她买衣服、食物、玩具和书籍。我让她懂得尊重，最重要的是懂得爱人。在我的家里，我们给她留了一个房间，摆放着她的东西。她知道无论何时，自己都是安全和被人在乎的。（ENFJ）

我曾经翘班，和三位朋友一起骑车去其中一位同事珍妮弗的家里（花了我们 3 小时）。她的父亲在凌晨 5 点死于癌症，因此我们需要在路上给她支持。她被告知，他父亲的情况"非常糟糕"，因此她需要尽快回去和她的父亲道别。但是最后，我们没有赶上。我们和珍妮弗坐在一起，让她把心中的痛苦都说出来。后来，我们四个人成为非常亲密的朋友，会不时地聚会。七年之后，我还和她们保持联系。（ENFP）

主题二：宣扬目标

有感染力者无论是在工作中还是在工作外都宣扬目标。他们会尽力创造一个更好的世界。他们愿意花费时间和资源来拯救他们的社区。

　　我的邻居家中发生了几起盗窃案之后，我决定帮助我所在的社区制订一个"街坊守望计划"。我和另外两个邻居一起组织了街坊会议，帮助阻止暴力事件和盗窃事件。在短短的两周内，盗窃案件就减少了很多，社区也变得更加安全了（尽管我们社区的家庭需要轮流巡逻）。（INFP）

　　这件事发生在几年前，当时我的员工要我为美国癌症协会募集资金。我当时完全不知道这是干什么的，所以我没有做任何准备（例如，我没有给任何人打电话）。这个目标就是号召每个人进行捐款。募集到的所有钱都会用于国家研究、教育和为患者服务。我的任务是，募集250美元。他们给了我一个电话和一本电话簿，于是我就忙起来了。我给所有我认识的人都打了电话。最后，我超额完成了我的目标，募集了1 405美元。他们对我表示了感谢，给我照了相。为这么好的一个当地事业做出贡献，我感觉好极了。后来，他们推选我为本年度"最需要的人"，并且希望我能继续参加明年的活动。我决定明年继续参加这个活动。（ENFP）

　　我的父亲有着坚定的政治和环境信仰。他知道他想要以某种方式表达自己的观点，所以他决定和我一起加入我们当地的一个小社团。我们还宣传了这个社团。后来，当我搬走之后，他依然还在这个社团做事。他还让我的母亲、哥哥以及他的同事加入。这个社团的人不仅会举行抗议，而且会在每周日给困难的人分发晚餐。我很开心自己曾经成为这个了不起的组织的一员。（ENFJ）

主题三：创造乐趣

有感染力者通常擅长为惊喜和乐趣制订有创意的计划。通过让大家享受生活，有感染力者能够在人际关系中做出改变。

> 我已经和里奇在一起两年了。有趣的是，在过去的一年里，我只和他在周六和周日见面（假期的时候会见得多一点）。他是一个工程师，在过去的一年里都在密西西比建立汽车流水线。对这个喜欢乐趣的 23 岁小伙子而言，这并不是什么了不起的工作，因为他所有的朋友和家人都在密歇根。这让他很难受。为了让他开心点，我给他寄了一些照片，还有我母亲的香蕉坚果面包。我们还一起出去旅游，这些旅游都是由我来计划的。我尽量在周末的时候陪他，并且会叫上所有的朋友，这样他就会获得很多乐趣。我们确定至少每隔一天就要聊天。如果他没有和我在一起的话，他可能过得没这么开心。当然，如果我没有和他在一起的话，我也会难过。尽管我们不能长时间在一起，但这总比两个人完全不在一起要好。我为他做的最了不起的事情是，去年我为他举办了一个生日聚会，给了他一个大大的惊喜。他对自己的生日并没有太多期待，因为他总觉得自己在 23 岁之后就不再年轻了。这是他毕业后过的第一个秋天，他的新工作让他很头疼，而且大部分的朋友都不在身边——他感觉很孤独。在他生日那天，他一个朋友也联系不上，他很难过。所以我建议他一起去托妮的家里看看，看看她是否愿意一起出去走走。里奇很不情愿地跟着我，生着气。当他推开托妮家的门，看见他所有的朋友都在那里时，他开心得不得了。一整晚，里奇都很开心。我感觉很棒。（ENFP）

我喜欢给人们制造惊喜。我在母亲 50 岁生日那天，为母亲策划了一个生日礼物，给了她一个大惊喜。我发出邀请，做一些食物和甜品。然后，我让她的一个朋友带她出去逛两小时，直到所有的人都来齐了。她非常惊喜，因为我把她的所有高中同学都邀请过来了。(ENFP)

主题四：用人际关系帮助他人

有感染力者对人际关系非常感兴趣——无论是自己的人际关系还是他人的人际关系。他们喜欢为集体服务，并且提供建议。他们想要从自己的人际关系中获得好处，并且将此看成个人成长最主要的方式。

我是一个很好的倾听者，并且善于提出建议。例如，我的一位朋友和他一位断断续续还有联系的女朋友生有一个女儿。他们没有在一起生活，而这个女儿（3 岁）和她的母亲一起生活。每次当我的朋友去接他的女儿时，他的女儿总是不愿意离开她的母亲，于是我的朋友那一天就会和他的女朋友及其家人一起度过。我告诉他，他可以让他的女朋友和他一起把女儿送到他的家里，然后他的女朋友再离开。他们试了试我的办法。我的朋友告诉我，这个办法很棒。当他只和女儿在一起时，他可以更加清醒地思考他们之间的关系。我还帮助其他朋友和家人解决他们生活中的问题。我有的时候，还会有技巧地传递信息，而不会惹怒一方。(INFJ)

在我 20 岁时，我嫁给了一个男人，他的父亲是一位四星级上将。虽然他的职业生涯很成功，但是他在经营和儿子的关系时并不成功。我相信，我和他之间的很多不愉快就来源于他们关系的不愉快。我的丈夫一直希望和他的父亲能够更加亲近。他能够清楚地记得，他的父亲在何时、何地与他一起玩。随着我们之间关系的恶化，我找他的父亲聊了聊，告诉他，他的儿子心里的想法。于是，我的丈夫和他的父亲召开了一次家庭会议。他们离开房间，到一个私人的地方聊了几小时。我的丈夫告诉他的父亲，他那压抑的感情，他甚至还哭了。我相信他的父亲也是如此。这次交流使他们两个人之间的关系更加密切了。虽然我们最后离婚了，但是我的丈夫很开心自己能够与父亲修复关系。（ENFJ）

我曾建议朋友在他们的人际关系中应该做些什么。如果有什么事困扰着我，我就会将其告诉别人。例如，如果我不喜欢一个朋友的男朋友，我就会跟她讲很多她不该和他在一起的理由。但是如果她决定和他在一起，那么我就会支持她。（INFP）

主题五：鼓励他人冒险

有感染力者能够让别人遵从自己内心的想法。他们懂得如何增加他人的信心，让他人敢于冒必要的风险。他们天生就知道，如果没有冒大风险，那么改变很少会发生。他们常常帮助那些他们在乎的人鼓起勇气做出尝试。

我加入了一个团体，该团体很重视道德领导的发展。几年前，有一个新成员加入了我们，他打开了社团社交的大门。这个新成员非常友好，而且我跟他接触得越多，越发现他是一个善良的人，而且非常聪明。他唯一的问题就是他会不自觉地感到害羞，而且由于结巴会在社交场合变得不自在。在我所在的社团里，我很受欢迎。于是，我就把他介绍给我的很多朋友。当我告诉他，别人喜欢和他在一起时，他的自信心开始慢慢建立了。我还鼓励他竞选我们社团的副主席（他参加了竞选，也竞选成功了）。从此以后，他活跃于学校中的各种社团，参加各种竞选。他现在是社团的副主席，也是学院委员会的副主席，而且在女大学生联谊会中非常受欢迎。他经常向我表示感谢，说我培养了他的社交能力和领导能力。（ENFJ）

我记得我的一位朋友曾在学业上遇到困难，然后我伸出援手帮助了她。她当时不知道自己是该继续学习，还是该追随自己内心的感受。我告诉她，遵从自己内心的想法会给自己最大的幸福感。我希望我的这个意见能对她今后的生活有所帮助。（INFP）

当我还是一个高中英语老师时，我常常会遇到这样一些小孩，他们不知道自己的未来在哪里。有一天下着雪，我加班批改小测试。那天凌晨，我听到门外有敲门声，打开一看，是我的一位学生。他长相英俊，不过成绩一般。他并不出色，只是偶尔会成为班里的活宝。他是一个高年级的学生，并不确定自己以后该做什么。他走进来，坐了下来。他说着话，我在旁边听着。他就这样讲了 5 小时，我就这样听他讲了 5 小时。当他离开的时候，他把一切都想明白了。我并不太记得他最后做了什么样的决定，我只记得自己在一旁听着，不停地点着头，有的时候重复他说的话。我很高兴，他最后把事情想明白了。不管怎样，他最后拥抱了我（这对一个学生来说，很不寻常，因为当时是 1969 年）。他对我表示了感谢，感谢我花了这么长的时间来倾听；他的脑子也清晰多了。然后他骑上摩托车开走了。我再也没有看见他。我想我永远也不会知道，他的生活变成了什么样。但是我总觉得，如果他没有把事情想明白的话，他会再一次出现在我的门口。（INFP）

主题六：善于鼓舞人心

有感染力者喜欢根据自己的信仰做出决定。这对很多人来说，是一个很了不起的品质。他们会以一种鼓舞人心的方式表达自己的信仰，并且有的时候会试图改变朋友和家人的信仰。他们无论是在工作中还是在工作外都具有号召力。

我想，我对别人造成的最大影响就是我说服了我的侄女上大学。她从高中毕业后，并没有马上读大学。我在生完女儿后，又重新读了当地的一所大学。我说服了我的侄女去读密歇根州立大学，因为我知道这样对她最好。她小我 3 岁，所以我们情同姐妹。我告知她所有信息，还告诉她，如果要尽快上学的话，应该找谁。我把她带到了学校的行政处，帮她办理了入学手续。她在两年前毕业了，甚至在我之前就毕业了。（INFP）

我是一个正在戒酒的酒鬼。我经常参加 AA 会议。两个礼拜前，我受邀在一个大型的区域会议上做演讲，参会者有 300 人左右。我将我的"经验、优点和希望"分享给了这些参会的人。会议之后，很多陌生的面孔激动地走上前来，感谢我与他们分享这些故事。我希望我的经验能够帮助这些人继续参加会议，同时还能成功地戒酒。我也在这个项目中赞助了一些年轻人（和老年人）。我指导他们完成了 12 个步骤，并且向他们介绍了 AA 项目。我还充当了一个他们完全可以信任的倾听者。这在帮助他们的同时，也帮助了我自己，因为这会让我忘却自身的困难。（ENFP）

我的爸爸妈妈生了 10 个小孩，我排行老八。由于我们是一个大家庭，所以我们必须遵守纪律，团结一致。因此，我决定每个月召开一次家庭会议来探讨诸如假期、生日等，让每一个人都觉得自己受到重视。同时，我每个月还召开一次祈祷会，让大家谈谈自己的理想、志愿和目标。我们在这些会议上表达了我们对家庭的担忧，以及对每一个人的爱护。此外，我还发动每三周就做一次斋戒，这是为了让我们更加集中，也做得更好。我给父母和每一个兄弟姐妹都发了一封信，希望事情能够走上轨道。由于经常性的聚会，我们的家庭变得更加团结亲密，对上帝更加忠诚，也更能够完成上帝想要我们做的事。从那以后，我的母亲就在教堂里当了牧师，我的兄弟姐妹也和上帝更加亲近了。我所投入的时间、金钱和努力是完全值得的。（INFP）

主题七：使用沟通技巧

有感染力者往往天生就能够对语言进行创造性的运用。他们喜欢对自己在乎的人说话。他们喜欢在个人交流中使用类比和比喻，而不仅仅是在演讲时。

某人想从州立大学转到一家私立的，而且学费更加昂贵的艺术学院学习。他的父亲极度反对。我帮助他把自己的想法清楚地表达给他的父亲（我给他一些他父亲会相信的理由）。他如今在这所艺术学院已经学习两年，取得了有史以来最好的成绩。他现在想把摄影作为自己的主要专业。后来，他感谢我，让他能够进入这所新学校学习。（INFP）

我现在在一家投资俱乐部工作。这家俱乐部已经建立五年了。一些会员准备退会，一方面由于他们很忙，另一方面由于他们不能承担对俱乐部要负的责任。作为俱乐部的副主席，我跟主席建议说，因为我们的俱乐部现在正转型管理投资组合，所以我们应该开诚布公地讨论一下现在的状况，以及我们该如何留住这些会员。我来负责这件事，于是我事先给每个人发了几个问题，还提到了这次特别会议的议程。通过讨论，我们发现，一些人正准备退会，而且正在寻求方式使会议变得不那么程序化和更加有趣。我小心谨慎地对自己听到的各种声音做出反应。其中的一些是老成员，他们非常保守；还有一些是新成员，他们想让俱乐部更加社会化。在这个过程中，我们制定了新的标准议程，同时还设有自由的讨论时间，以便随时召开小会议。我们会员的热情和动力得到了增长。会员觉得自己能够更加自由地表达观点。我们甚至还让一个退了会的会员再一次入了会。（ENFP）

主题八：在人际关系中成长

对于一些有感染力者来说，人际关系意味着生活的意义。他们可能会推动他人探索人际关系的长期意义。他们也会帮助他人评价某种人际关系是否值得付出努力，判断的标准是这种人际关系是否能够帮助每个人成长。

我试图每天都在人际关系中做出改变。我的父亲以我们一家人为中心，做任何能够做的事来帮助我们。我试着做/说一些事让他对我/他自己感到自豪，这让他感到很开心。由于更年期以及我们这些儿女都不在家，母亲的生活非常难过。我尽可能多地与她交谈，告诉她，她为我做了很多事，也仍然在为我做事。我最近帮她收集了一些歌曲，这样她在锻炼的时候就可以听歌。这些歌曲是我们都喜欢的。我的两个哥哥和我喜欢在各个方面竞争。我喜欢我们能够维持一个健康的关系，同时进行良性竞争。我试着让他们知道，我从他们身上学到了很多东西。我和很多朋友还有联系。我的家人是我生活的动力。我所做的一切来培养一个良好的人际关系。（ENFP）

我在 10 年前，认识了我最好的朋友。在我的心中，我们就是姐妹。我们是通过一个我们都认识的人结识的，我们一拍即合。我们和彼此的家人都很亲密。我和家人发现，她的父母在她生日或在圣诞节这天，没有为她准备任何事情。他们把注意力主要放在了她的妹妹身上。所以我和父母决定为她准备一个特别的生日会和圣诞节——她会收到很多礼物和祝福。1999 年，当她的女儿出生时，我们邀请她一起为她的女儿庆祝生日。现在，她们每年都会和我们一家庆祝这个特别的日子。就是通过这样，我们让她体会到了生日和圣诞节的欢乐，并且还将这个传统延续到了她女儿的身上。这加强了我们之间的关系。现在，我们都把她看作家庭中的一员。我想，通过这种方式，我们给她和她的女儿带来了

改变。（ENFP）

克丽丝和我是 16 年的好朋友。我们情同姐妹，能够互相读懂对方。克丽丝比我小两岁。我觉得我是她的榜样。我为她的人生带来了很大的变化。她生活得很艰难。我总是告诉她，一切都会好起来的。当她高兴时，我也会为她感到高兴，并且会支持她的决定。我们之间形成了一种永久性的信任。我们互相给对方介绍新奇、令人激动的事物，而同时我们依然保持着自己的个性。我们接受和尊重彼此的差异、喜好和厌恶的东西。当我们其中一个面临工作和生活上的困难时，我们就会在一起讨论可能的解决办法，直到把问题解决。我们都有着远大的理想和目标。我们互相激励对方来实现这些理想和目标。有的时候，我们的看法并不一致。包容是处理我们之间差异的有效手段。我每天都鼓励她，支持她，告诉她自己很在乎她。她知道，无论在什么情况下，我都会帮助她。我们偶尔还会吵架。这个时候，我们不会大吼大叫，而是会坐下来，各自说出自己的想法，讨论一下为什么我们很难过。我们喜欢待在一起，并且会分享大家一致的想法、价值观、兴趣和性格特征。我希望我们之间的友谊可以永远地持续下去。（ENFJ）

主题九：表现出感同身受，而不仅仅是同情

有感染力者希望在人际关系中深深地感受对方的感受。他们想要了解与他们有关的人，即感同身受。他们尊重他人的意愿，尽管这并不意味着要认同他们。他们鼓励认同感，重视权威。有感染力者会让他人做咨询，

并且鼓励他们改变生活。他们的感觉不仅仅是同情，他们寻求感同身受。

在读大学期间，我住在家里。我讨厌被父母时刻监督的感觉。我决定搬出家，证明自己是有责任心的一个人。我想要自我认同。我做得很好，并且为自己的成就感到骄傲。我的父母也是如此，而且我们的关系变得比以前更好了。这帮助我成长了，而且也帮助我的父母意识到，他们不能永远都控制我。现在我们之间的关系很融洽，我知道这一切源于我搬出了家。（INFJ）

我和同事的两个女儿成了好朋友，她们是5岁的艾普利尔和7岁的凯伦。我们几乎是一见面就成了好朋友，因为我们是邻居。这两个女孩喜欢在我的家里与我和我的丈夫一起玩。她们喜欢在我们家吃饭、睡觉，并愿意跟着我们到处走。我起初并不知道这是为什么，直到后来我们的关系变得更加亲密，凯伦向我透露了原因。她告诉我，她的父亲经常对她们大吼大叫，还经常打她的母亲。听到这个消息后，我感到非常震惊，于是我决定当面找她的父亲对质。这种情况需要非常谨慎地处理。首先，我没有亲眼目睹；其次，这并不完全是我的事。但在凯伦告诉我这件事之后，我回想起曾在这两个女孩身上看到过瘀伤。想到有人伤害这两个女孩，我感到非常难过，但我不确定自己下一步该怎么做，因为我以前从未处理过这样的情况。我打电话咨询了很多专家。后来，这个家庭开始进行商议。虽然他们经历了一些艰难的时刻，但我可以看到每个人的变化。我很感激凯伦如此信任我，把这件事告诉我。我和我的丈夫仍然与艾普利尔和凯伦保持着密切的联系，但我和她们父母的关系则疏远了许多。（ENFP）

　　我做了一个决定，让我父亲的意愿受到尊重。我邀请了我的家人和一组医护人员来讨论父亲的这种情况。我的父亲病得很重，他并不想依靠呼吸机生存。医生想要把父亲送到康复中心来维持他的生命，我建议对父亲做一个 CAT 扫描，看看他是否有中风。他确实中风了，而且这是他第三次中风。他不能进食，不能控制自己的身体机能，还陷入了昏迷之中。我说服了家人，撤掉父亲的呼吸机。3 小时后，父亲去世了。几年前，我和父亲就这件事聊过。我知道，我现在所做的，正是父亲希望的，但是要说服我的七个兄弟姐妹以及我的母亲，并不是一件容易的事，因为他们觉得我们需要去救父亲。（ENFJ）

主题十：探求生命的意义

有感染力者往往想要知道"这究竟是什么"，他们会利用信仰体系来了解事物，或者帮助他人了解。他们会常常帮助家人和朋友着眼于重点。

　　过去，我在当地教堂的一支初中棒球队做教练。我不仅教他们棒球的技巧，让他们成为更加了不起的球手，还教他们人生的重要课程，用来指导他们生活的方方面面（如教他们尊重他人）。在他们这个年纪，一些小孩并不懂得尊重父母和他人。我的方法之一就是，每次我们注意到他们对别人不尊重，就会提醒他们，而且有的时候还会教他们跑步。在这几季末的时候，我们没有再遇到这些问题。我还帮助他们了解团队合作的重要性。当我需要传授新的技巧时，我还会拆散原先的组合，让他们与不同的搭档一起练习。我们热身锻炼的规则之一就是，每个人在第二天都必须与不同的人搭档，直到他们和队伍中的每个人都成为过搭档。我想，我对这群小孩起到了积极的影响，因为他们现在还在一起打球，而且他们的球队在同类学校中的排名也是数一数二的。（ENFJ）

通过参加个人成长论坛"有力量地生活，过自己想要的生活"，我发生了改变，我出钱让我的姑姑也参加了这个论坛，因为她也想取得像我这样的变化。所以我帮助我的姑姑改变了她的生活，就像我为自己改变了生活那样。（INFJ）

现在，我正面临着人际关系中最为艰难的时刻。我的一位好朋友也是如此。我们互相支持着对方。我们无法理解，在同样的情况下，那些男人的想法。通过 MBTI 分析，我深深意识到了这一点。这些人和我想的不一样。我将我的 MBTI 资料分享给了我的这位朋友，然后我们一起用这些资料了解了对我们有重要意义的其他人。我现在知道了，我们并没有错，他们也没有错。我们了解了他们和我们在态度、价值观和行为上的差异，以及我们如何能够与他们相处。我的这位朋友与她的朋友之间的关系变得更加融洽了。至于我，正经历一个巨大的变化。通过了解很多人的想法都是天性使然，我认识到，无论你学了什么，以及你的想法是什么，你只要真诚地说出你自己的想法，就能捍卫自己的信仰，因为如果你不这么做的话，你就会失去自我。（ENFJ）

有感染力者与其他核心性格类型的人的对比

有感染力者不全是一样的,而且他们还和其他核心性格类型的人有着相似之处。有感染力者具有的一般特征是,通过号召他人为了组织或社会的长期利益来做出改变。与协调者(有关协调者的描述见第 5 章)一样,有感染力者偏好感觉。虽然有感染力者和协调者都关注他人、美感和价值观——并且想要避免冲突,除非当时的情况违背了他们的价值观——但有感染力者更愿意关注那些能够被某种情况长期影响的人,并且喜欢以创新、系统的方式来表述情况;而协调者更愿意一步一个脚印,希望能够即刻帮到他人。

和远见卓识者(有关远见卓识者的描述见第 7 章)一样,有感染力者也偏好直觉。因此,无论是有感染力者,还是远见卓识者,他们都对自己试图做出改变的情况或人际关系有一个长期和远大的目标。不过,有感染力者更强调他人和价值观,而远见卓识者更注重会产生客观解决方案的具有逻辑性的相互关系。

有感染力者与稳定者(有关稳定者的描述见第 4 章)之间的相似点最少。有感染力者往往比稳定者关注得更加长远,并且在特定的情况下,更重视他人。他们也倾向于强调团体,而非个人。

相关练习

在阅读第 7 章之前,请先完成练习 10 和练习 11,看看你是否能应用本章中提到的主题来帮助你在工作和人际关系中做出改变。

📝 **练习 10　利用有感染力者的性格特征在工作中做出改变**

利用本章中提到的有感染力者的性格特征，根据自己在工作中可能的使用频率，选择相应的等级。等级说明如下：

0=几乎从不

1=很少

2=偶尔

3=经常

4=几乎总是

1．实现梦想（鼓励成长，崇尚长期发展，灌输归属感，传播理想主义）

0	1	2	3	4

2．看到每个人好的一面（喜欢多样性，避免流言蜚语，寻求双赢的解决方式，在对方的观点中寻找好的想法）

0	1	2	3	4

3．善于交流（拥有公关、营销、形象塑造等技巧，为他人翻译）

0	1	2	3	4

4．拯救团体（推崇目标，为他人服务）

0	1	2	3	4

5．发展他人的潜力（重视个人成长，发展潜力，促进学习）

0	1	2	3	4

6. 发展信念/价值观体系（个性化组织的任务，强调对他人的利益）

        0   1   2   3   4

7. 通过人际关系推动改变（鼓励他人为了目标做出改变，崇尚团结）

        0   1   2   3   4

8. 具有创新精神（崇尚用新的方式解决问题和传达信息，强调工作环境的美感）

        0   1   2   3   4

9. 激励他人（用热情、趣味、激情和魅力来激励他人，让他人享受过程）

        0   1   2   3   4

10. 帮助他人理解（促进组织和个人的成长与发展，回答所有的问题）

        0   1   2   3   4

请保留这些判定结果，因为在第 8 章的计划练习中你还要用到。

📝 **练习 11　利用有感染力者的性格特征在人际关系中做出改变**

利用本章中提到的有感染力者性格，根据自己可能在人际关系中使用的频率，选择等级。等级说明如下：

0=几乎从不

1=很少

2=偶尔

3=经常

4=几乎总是

1．极度感情用事（自由地表达自己的情绪，与他人紧密联系，强调情况的重要性）

      0   1   2   3   4

2．宣扬目标（创造一个更加美好的世界，试着拯救团体）

      0   1   2   3   4

3．创造乐趣（为他人创造生活的乐趣，不自觉地制造惊喜）

      0   1   2   3   4

4．用人际关系帮助他人（为集体服务，咨询他人，从人际关系中获得知识）

      0   1   2   3   4

5．鼓励他人冒险（鼓励冒险，让他人遵从自己内心的想法，宣扬自尊和自信）

      0   1   2   3   4

6．善于鼓舞人心（使他人充满精力，改变他人的信仰，展示自己的魅力）

      0   1   2   3   4

7．使用沟通技巧（展现自己对语言的创造力，帮忙宣传，使用类比和比喻）

      0   1   2   3   4

8．在人际关系中成长（影响朋友和家人，让他人探寻人际关系

的长期意义，评估人际关系的价值）

     0   1   2   3   4

9. 表现出感同身受，而不仅仅是同情（尊重他人的意愿，鼓励他们自我认同，重视权威，寻求真正的理解）

     0   1   2   3   4

10. 探求生命的意义（利用框架或信仰体系来帮助理解，让朋友看到重点）

     0   1   2   3   4

请保留这些判定结果，因为在第 8 章的计划练习中你还要用到。

第 7 章

"远见卓识者" 如何做出改变

那些偏好直觉和思维的人往往着眼于未来，并且会分析事物之间的关系以设计未来的蓝图。我们将这些 NT 类型的人称为"远见卓识者"。如果你已经通过四字母性格类型确定了自己是一个远见卓识者，就要仔细地阅读本章了。你也可能希望通过阅读本章来了解具有该核心性格特征的人。

首先从针对这类人的"侦查报告"开始，然后对他们的性格特征进行更详细的描述，并列出他们在研究报告中展现的其他性格特征。

针对远见卓识者的"侦查报告"

远见卓识者往往：

- 通过客观的分析研究各种可能的联系。

- 是一个精明的冒险者。

- 常常挑战自己和他人以获得更高的成就。

- 是一个自信、直率和有着批判性思维的思考者。

- 希望通过计划未来和解决问题来取得进步。

- 在某种情况下，希望有足够的结构框架来确保生产力。
- 具有战略性和系统性。
- 以目标和未来为导向。
- 喜欢复杂事物。
- 对自己和他人的能力设定高标准。

总的来说，远见卓识者常常通过以下方式做出改变：

- 在工作中，他们强调未来的目标，并且用他们的能力来解决问题以实现目标。
- 在人际关系中，他们利用逻辑和观点来帮助人们制订计划和解决问题。

关于远见卓识者的更多细节

再一次，请记住，这些关于远见卓识者的性格特征的描述只反映一般的性格特征，并不适用于所有偏好直觉和思维的人。同时，具备其他三种核心性格特征的人也可能发现他们拥有本章描述的一些特征，这是因为环境和性格偏好共同影响行为。不过，从整体而言，这些描述能够帮助你了解远见卓识者核心的性格类型。

远见卓识者往往将他们的注意力集中在可能性上，然后用一种客观的态度来分析这些可能性。他们会尽力保持逻辑性和独创性。他们能够很快地明白事物，了解事物之间的联系。所以，他们具有理论性、战略性，甚至还具有学术性。远见卓识者能看出抽象的规律，而不仅仅是单一的细节，因此他们能够马上从这些规律中找到因果关系。他们往往在工作中做得更好，或者说有更加深刻的技术见解。他们首先关注理论和技术性的问题，其次关注有关人的问题。研究表明，在 A 型血的人中，这种类型的人最多。

远见卓识者一般喜欢具有结构、量化了的数据。他们会鼓励用调查来收集这类数据，而不仅仅是通过别人的评论来了解趋势。一旦他们明白了工作的细节，他们就不想按照一步一步的程序来做，而是试图将行政和实施的职责转移到别人身上。他们会尽力解决自己特别感兴趣的领域里的问题。

远见卓识者喜欢在一个以目标为导向，并且使用创新、着眼于未来的策略的组织中工作。他们是精明的冒险者，在寻求获得更大成就的同时，了解隐藏在这些成就背后的各种可能风险。因此，他们将冒险与赌博区分开来。作为领导者，他们常常做出改变，想要知道下一个要征服的困难是什么。他们会去想组织可以或应该成为什么样，而不是满足于现状。

远见卓识者喜欢分析自己所在的组织，并且对有关组织结构的信息很感兴趣。他们喜欢开放式的组织环境，而不是官僚式的；但是他们喜欢看到组织内部有足够的结构以鼓励和确保生产力。同时，他们允许他人自由发挥自己的特长。因此，他们会鼓励一种并非对所有人都清晰的复杂而又基于偶然的结构。同样，他们会建立一些结构上灵活，但内容上理性的程序。他们会应用程序和自身的直觉来迅速收集信息，并且以此来获得进步的感觉。作为领导者，远见卓识者非常重视进步和成就。他们甚至会在幕后工作推动组织的发展。他们对组织的贡献就是，他们会为正在进行中的工作提供研究和理论基础。

远见卓识者往往是自信、有改革性、直率和客观的。他们喜欢追根究底。他们会尽力通过使用理论、研究、示例和框架来取得进步。他们对自己和他人有很高的期望。他们几乎能够和所有他们认为有能力的人一起工作。如果他们要和那些能力不足的人一起工作，他们会变得非常挑剔或非常失望。

他们的核心价值观包括成就、变化、创新和能力。虽然他们希望别人赞扬自己的能力，但他们有时也会忘记去赞扬别人。他们极具竞争力和批判意识。作为领导者，这些远见卓识者往往会不断提高他们的标准。因此，如果他们要求一个下属解决某个问题 X，而那个下属只提出了一个解决方案，他们可能会感到非常失望。他们不仅希望下属能提出问题 X 的解决方案，还希望下属能提出问题 Y、Z 等的解决方案。他们对重复的错误表现出不耐烦。他们理解每个人都会犯错，但如果他们发现某个人一直在犯同样的错误，他们会感到非常不舒服。

远见卓识者喜欢寻找方式，并将其与系统、策略以及示例连接起来。他们从不认为有什么事是理所当然的，所以他们喜欢研究能够解决复杂问题的方案。他们会加入辩论中，用问题、评论和对证据的要求来挑战他人的想法。他们不喜欢做别人的工作，尤其不喜欢做重复性或行政性的工作。

以上描述的很多特征也会出现在远见卓识者的人际关系中。他们喜欢解决问题的这个特点使得他们更愿意制定策略，而不仅仅是当一个倾听者。对远见卓识者的搭档来说，他们对挑战、能力、成就和成长的期望，要么是一种好事，要么是一种灾难。他们在人际关系中做出改变的方式在其他人眼里，是一种客观的方式。

远见卓识者之间的差别

并不是所有的远见卓识者都是一样的。例如，那些内向的远见卓识者更加难以理解。他们用自己的思考体系来了解世界。他们可能表现得客观，因为他们在回答问题之前会先进行仔细的思考。他们更可能独立地完成幕后工作。那些外向的远见卓识者则明显地追求改变，他们会主动告诉别人他们的想法，而不是等着被问。他们会采取行动，而且会同时应付很多工作。

偏向于判断的远见卓识者会关注需要达成的最低成就。他们会推动组织或人际关系往更高一级的方向发展。偏好知觉的远见卓识者则想从多个不同的角度来分析问题。他们能够了解并产生很多选择及可能性。相比较而言，他们更想了解组织或人际关系，而不是做出决定。他们能够了解某个观点的两面性，因此也就能够自如地从任一方面进行辩论。

远见卓识者在工作中做出的改变

当远见卓识者利用自身性格的优势时，他们会在工作中做出怎样的改变？下面的每个主题都代表了研究中的远见卓识者所表现出的性格特征。每个主题都以故事形式呈现，这些故事由参与者撰写，并且在每个故事的结尾都会附上故事讲述者的四字母性格类型代码。

主题一：利用能力

远见卓识者尤其重视自己和他人的能力。通过利用自己某项特别的能力——例如，能够马上了解如何完成一项任务或某个项目需要什么——远见卓识者在工作中做出改变，从而帮助组织在这个领域取得成功。远见卓识者也往往希望实现目标，那些偏好判断的远见卓识者（NTJ），会表现为渴望完成某个大型项目；而那些偏好知觉的远见卓识者（NTP），会渴望大型项目取得进展。远见卓识者还会运用韵律学来确定自己获得的成功。

作为一个经理，需要常常制订目标和计划。帮助和监督团队实现这个目标则是另一个挑战。我们每年都会制定很高的目标。团队也就需要一些指导来付出努力，关注过程，实现这个目标。团队需要不时地施加压力，并且做出相应的奖赏和赞扬。例如，由于销售平平，我们制订了比上一年节省 1 700 万美元的计划。到了 3 月，这个团队就将减少几十万美元的费用。我召集团队，制定可行动的目标，帮助团队进行思想上的变化，集中精力减少费用。我们都加了班。到了 6 月，我们已经完成了目标。于是我开了一个小型的表彰会，给每个工程师发了一部笔记本电脑，表示我衷心的感谢。从那以后，我就努力帮助我们的团队集中注意力去提高质量，而不是关注成本。我同时还提醒他们要防止错误的发生。我们发展了潜在失败模式和效果度量来了解什么出了错，以及该采取什么样的措施。如果确实出现了一个问题，我就会坚持采用系统的方法来解决问题。总之，问题得以圆满解决，所有人都感到满意，或至少可以说都表示理解。（INTJ）

我在一家金融服务公司工作，是副主席的销售助理。我在这里工作一年多了，最开始的时候，我的工作是更新记录和负责大型会议。我觉得这特别单调无聊。一天，我决定自己调整工作内容，于是我就向副主席的客户推销。我将所有的营销信件都放在一起。我想向我的老板证明，我有能力成为一个合格的助手，并且能够帮助扩展业务。我当时并不知道，老板是否会允许我全权负责营销，所以我并没有告诉他，在短短的四个月里，我们的业务就增长了40%。我的老板对我的努力予以了肯定。我第一次在一年的时间里，在自己的工作上做出了改变。自从我负责营销之后，我们的业务已经增长了70%。我想继续使用我所创建的大部分体系，不过我今年想让我们的战略再一次发挥作用。（ENTJ）

我是一个职业咨询师，有着教育心理学的硕士学位。在过去的15年里，我帮助了1万多人，帮助他们通过GED考试并帮助他们获得新的工作。我非常擅长自己现在所做的工作，并且赢得了很多奖项。我制定的策略成功率非常高。我做了很多事，思考我们的整个系统，看看我们该如何为客户服务。（ENTP）

主题二：挑战自我和他人

远见卓识者喜欢挑战，因为这样，他们能够运用自己的才能。他们本身也会表现得具有挑战性，尤其在涉及权威、管理或思想时。他们会反抗、争辩或采取行动来弥补一个不能胜任的老板。大多数的远见卓识者是非传统派或非墨守成规者。在工作上，他们通过帮助人们打破常规性思维来做出改变。

我曾在德国的一家建筑材料进口公司工作。我和一个小伙子共事。这个小伙子很不喜欢和女性共事。我在工作上勇于面对他，后来他对我产生了尊敬之情。再后来，我发现，他对我的下一任也相对友好（也是一位女性）。所以长远看来，我或许改变了他的态度。（INTP）

我被分配到一个新部门，跟随一位新的经理做事。在和这位经理做事之前，我已经见过他几次，因此我们有着很坚固的关系。不过从我为他做事的那一天起，一切都发生了变化。我们有着不同的处事方法。他执着于自己的方式，他要所有的其他员工都严格地按照他的话做事。这位经理在他的这个部门做得一般。我们的薪水基于这个部门的净利润。我做的一些事能够帮助我们赚取更多的钱（所有的事都是符合道德的）。他不能理解。于是，我和他坐下来聊，告诉他我为什么这么做。这个经理最后明白了我所做的事，并且给了我更多的空间让我自主做事。（ENTJ）

我曾和另一位主管有着不同的意见。这个决定的结果将大大影响我们如何为客户服务，以及员工如何使用我们的服务。我给这些部门的领导写了一封很长的信，表达了自己的观点。这使我和另一位主管之间的关系变得非常微妙。但是，我非常坚持自己的决定，以及我们该如何为客户服务。于是公司对所有有关人员进行了调查。结果表明，大部分人支持我的观点。有人支持自己的想法，这种感觉真是棒极了，而且这大大地增强了我的信心。（ENTJ）

主题三：着眼于未来

远见卓识者往往着眼于未来。他们以一种逻辑的方式为公司发展和设计新的系统、程序、计划和目标。他们的计划一般会将各因素之间的关系考虑在内。

我在中国一家银行工作的时候，想到了一个推销信用卡的方式。我给我的 VIP 客户打了电话，造访他们的办公室，然后成功地说服他们开通信用卡。当他们说这种信用卡很好的时候，我就会去找他们的职员及朋友，让他们也开通信用卡。从那以后，我的方法在培训中被列为示例。（ENTJ）

我在七十几岁时，被一家诚信公司雇用。我的任务是将所有给穷人发放食物的组织和以资金资助这些穷人的组织联合起来。我知道如何将不同类型的个人和组织通过同一个目标聚集起来。我也希望我的这个组织能够以更加系统的方式帮助这些穷人。我建立了这个组织，但是我没有继续在组织里做下去。我离开的原因是，大多数人所追求的东西和我并不一样。好消息是该组织依然存在，并且依然为那些穷人服务。（INTJ）

通过改变我们悬挂销售牌子的方式，我在工作中做出了改变。以前我们往往会自己将所有的销售牌子挂起来。我们会先把牌子分开来，再挂上去。这要花上 6 小时。我决定让收银员在空闲时将牌子分开。他们把牌子分开来，然后有序地放在走廊。最后下班的员工在周六晚上关门后（而不是在周日早上营业的时候），将所有的牌子挂起来。总之，这个过程现在只需要花费 2 小

时。这个新的挂牌方式帮助我们提高了周日早上的营业额，因为客户不需要看每周广告，就能知道我们的产品。（INTJ）

主题四：负责做出改变

很多远见卓识者感觉自己很被动地成为领导者——无论是领导大家做出努力，并且做出决定（尤其是 ENT 类型的人），还是通过做幕后工作来影响事物（尤其是 INT 类型的人）。无论是哪一种情况，这种被动都源于他们内心，而不是源于上司。

> 我的上一份工作是一家面包店/餐馆的总经理。我在这份工作中做出了巨大的改变。我们原先需要从头制作烘焙材料。这就需要有人自愿值夜班，因为烘焙是在夜里做的。虽然新鲜的烘焙品尝起来味道很好，但是这要花费很多时间，还需要很多有经验的面包师，同时也缺乏灵活性。公司采用了新的烘焙方法，即采用快速烘烤机。这也意味着面包师要采用全新的方法。这些面包师需要改变他们的休息时间，而且这个新的方法比之前更需要有人愿意做大量的工作。我给这些面包师提供了尽可能多的信息，来帮助他们完成这个过渡。但是尽管如此，这个新的方法还面临很多挑战，最重要的原因就是我们店面的布局。这个过渡需要更长的时间。于是我和面包师一起来调整这个方法，然后将变化告诉给公司的老板。当时，面包师都想辞职，但是最后我们都挺过来了。当大家开始互相倾听时，事情就进展得顺利多了。（INTP）

> 我曾在一家有 250 名员工的公司工作。我是职业发展部的新上司。这个部门有 8 个专家，而且很松散。我用了一种方式将这

个部门变成了一个团队。我每周召开一次员工会议，分享我们对客户使用的资源。最后，我们形成了服务客户的统一方法和统一通讯录。另外，我们还备有一本针对个人的特别工作簿。因为工作簿是由人力资源部制作的，所以我主动与他们的上司联系以共同努力。她真的是一个很难打交道的人。她想要自己负责所有的事情。我花了很长时间，才让她为我们制作工作簿。职业发展部从没有像现在这样团结一致。(ENTJ)

我改变了自己的角色。我并不喜欢我从事的行政工作（而这很难办，因为我的头衔就是行政助理）。所以我开始做更多的研究和营销。我的上司认识到我的其他才能，他现在开始让我做一些不同的工作。(ENTP)

当我们的部门需要一位联合主席时，我毛遂自荐。在三个月里，我们成功地达成了一项合同。这个合同对我们的部门来说意义重大。我觉得我的倾听，以及让每个人发表自己的观点是做出改变的重要原因。我让他们关注问题，而不是人，这是他们以前没有做到的事。(ENTJ)

主题五：运用知识

远见卓识者不仅重视知识，而且想用足够的研究数据支持他们的理论和模型。他们也想将自己的想法和教育用于实际中。他们也愿意做所需的研究来获得知识。

我是一个管理员。我将自己在学校学到的有关"精益"生产的知识运用到工作中来改善情况。如果有一个管理员离职了，那么其他的管理员就要完成那个管理员的任务。一天，尼克不在公司，我不知道他是离职了，还是请假了。尼克在他的工作方面存在一些问题。客户经常抱怨当他们的区域不够干净时，尼克没有做好工作。于是，我被派过去帮忙——他的柜子乱得一团糟。上个学期我学到，"精益"生产开始于清理自己的工作区域。于是我清理了他的柜子，重新储备了物品。不久之后，尼克就在自己的工作区域做得好多了。（ENTJ）

我在一节课上学到了一种叫作"计划性的即时赞赏"的技巧。我意识到，自己常常把别人做好工作看成理所当然。于是，对我而言，只要我加强这些行为，那么就会产生更多的类似行为。我开始使用计划性的即时赞赏，我把人们叫到一起，赞扬他们将自己的才能运用于工作中。我给帮助过我的人以及这个人的经理写了一些感谢信，结果非常好。这个人在后来给予了我更多的支持，他的经理也是如此。因为计划性的即时赞赏，每个人都有所收获。（ENTJ）

我被邀请参加一个团队/委员会。这个小组正考虑各种能够促进城市经济发展的方式。这个小组结构比较松散。我建议，我们用七个步骤来提升我们的团队。这个想法受到了大家的一致欢迎。人们很高兴地看到，我们不只是在一起开会，而且真的准备做点什么。这个团队的成员在过去，只会互相推卸责任。而我，只是一个门外汉。而且，坦率地讲，我知道自己很难获得尊重，并且做出改变。我只是在做一些这个团队原先没有想到的事，即慢慢地将这个团队变成一个了不起的团队。

我的成果开始显现出来了。我首先让整个团队关注我们的目标。以前，人们总是讨论为什么东西会被破坏，而没有人会去思考该如何修理。接着，团队开始讨论谁能够胜任。在设定一个清楚的目标之后，聘用有才能的人也就是一件自然而然的事了。然后，我召开了一次会议，讨论我们需要什么样的人才，该雇用谁。现在，这个团队正积极地寻找能够满足团队需要的人才。接下来，我准备采取剩下的步骤，让团队看看如何成为一个成功的团队。（ENTJ）

主题六：设定高标准来激励他人

远见卓识者往往会给自己和他人设定高标准。他们会推动同事和下属实现高成就，相信这会激励每个人。当他们表明他们想要看见别人达成什么样的成就时，他们常会随着项目和工作的进行提高标准。

成功源于制定目标。成功源于成为领域里的第一人。只有在目标实现后，我才会觉得自己真正地做出了改变。改变来自我曾经的经理对我的赞赏。他们告诉我，我教会了他们很多东西。最近，一位经理告诉我，我教会他如何变得专业，并教会他很多关键的技能。我也帮助一位经理制订职业发展计划，因为我觉得她是有潜力的。后来，她在一家店里工作时，极大地提升了销售额，自身也得到了晋升的机会。她感谢我对她的改变。（ENTJ）

几年前，我在一家修理店里工作。我在那儿工作了三年左右，清楚地知道那儿的一切。一天，我的老板告诉我，如果员工没有进取心，那么每个人的评定就会变差。我告诉老板，我可以组织一次小组讨论，希望他可以让我做，并且希望他不要参加。后来，我把每个员工都召集过来，把情况告诉了他们。然后，我告诉他们，每个人都要说说为什么我们没有进取心。我主持了会议，然后问每个人相同的问题，他们在整组人面前做出回答。最后，大家都意识到，作为一个团体，我们很松散，但是我们并不想这样。在接下来的几周里，大家的进取心明显增强了，工作环境也更好了。这次的经历让我想要成为一个管理者，来引导人们做出积极的变化。（ENTJ）

我改变了前教练的生活。我患有腰椎间盘突出，但是我一直都在打篮球。这个赛季之后，我的教练问我为什么坚持打球（并且领导团队得分）。我告诉他，我之所以打球，是因为我能够打球。一些人从来没有机会打篮球或走路。我喜欢竞争。我很幸运，能够打球，也有这个意志力。在我的心中，除非我被别人打了一枪，不然我会一直打球。后来，这位教练告诉我，我改变了他执教的方式，而且他跟别人聊天时，还会常常提到我。（ENTJ）

主题七：一劳永逸地解决问题

很多远见卓识者喜欢分析，并且希望能够一次性解决问题。在工作上，他们希望自己的团队不要满足于解决问题的表面现象，而且不要犯同样的错误。远见卓识者尤其愿意进行所需的研究。偏好知觉的远见卓识者（NTP）往往乐意提供选择，而那些偏好判断（NTJ）的人喜欢做出决定。

我用自己解决问题的技能解决了我们在工作上的问题。在我们的仓库中有太多的库存，所以我召开了会议，让大家一起想想解决办法。我们的解决办法就是将所有的库存列在清单上。每个员工可以在清单上看到是否有库存，以及我们是否该进货了。我喜欢我们想出的这个解决办法，因为这解决了我们的所有问题。（INTJ）

我曾经在一个交货地点花了八个月的时间反复试验，寻找各种问题的根源。我想我在很多问题上，想出了很多例子来证明各种问题的根源。然后我开始向管理层汇报。但是，无论我有多少数据，主要的经理都很反对我的结论。我感觉自己得不到支持。就在我感觉自己就要失败时，客户工程师站出来支持了我的观点，并且说明了我的结论的可靠性。就是他的言语改变了大家的看法。这一次的情况使我明白了，你解决问题的方式和支持你的人之间需要有一个平衡，这样你才能达到效果。（ENTJ）

一个软件项目就要失败了，因为它对客户的要求程序非常复杂。我想出了一个聪明的法子来帮助这个项目。我不止一次地帮助公司的项目取得成功。（ENTJ）

当我和另一位同事一起工作时，他就一件我完全不知情的事情指责我。在我们的生产线上，出现了几个有缺陷的部件。这个问题来自我们的领域，当时我们两个人都在工作。所以，肯定是我们其中一个做错了。质量检查经理过来检查部件，查看这些部件是否有缺陷。他想知道发生了什么事，我的同事把这件事归咎于我，而这完全不是真的。所以我建议，我们各自解释发生了什么事。自从我的同事暗示是我犯了错后，我就建议应该在工作场所做些什么来解决这些问题。现在，每位员工都必须写出生产过

程。(INTJ)

主题八：给出专业的意见

远见卓识者往往乐于给出（接受）专业的意见。通过对项目提出建议，指导有潜力的新员工，以及用自己的才能说服他人来宣扬解决办法，远见卓识者在工作中做出了改变。

作为一名为顾客停车的服务员，我需要想出办法来赚取小费。我总是告诉我的同事，他们对客人越友好，越有礼貌，他们收取的小费就会越多。因为这家医院的声誉很好，到这家医院的人来自世界各地，所以我提醒自己，不是所有的人都理解或接受美国的价值观与习俗。当一些外国人没有给小费的时候，我的一些同事就会发疯。当我听到这些事时，我就会告诉我的同事，这些人是刚到美国的，对美国的习俗还不太理解。然后，我问他们，如果在其他国家，他们是否也能完全懂得当地的风俗习惯？这个问题往往能使他们变得心平气和。(ENTP)

我在一家公司工作，任务挺多。我必做的一件事就是确定每样东西都有存货。这非常重要。因为作为员工，我们不想在为顾客服务或在做其他事情的时候突然停下来去拿货。因为这个工作需要承担很大的责任，所以我需要掌握相关的知识。这包括花园种子、化肥和各种种子。很多次，我都帮助客户在春天的时候播种，规划花园，并告诉他们该用什么样的化肥。这对人们来说是一件非常私人的事，而且我认为这真的对他们的生活产生了影响。在今年年初的时候，我为一个长期的忠实客户订购种子。他总是会种植一种叫作草丛蓝湖的绿色植物。他提到，种子今年的生长状况不如往年。我建议他种植另一种叫作得比的植物。我告诉他，这种植物和蓝湖植物差不多，而且至少开花结果两次。于是他听从了我的建议。后来，他告诉我，他对这种植物非常满意，他的妻子和家人也非常喜欢。我为他感到高兴，也很高兴自己能够帮到他。（INTJ）

我给一家会计师事务所提供了数据证据，改变了他们的招聘习惯。因此，这家事务所后来招聘的时候，录用了比以前更多的女性。（ENTP）

主题九：面向未来

远见卓识者往往能够迅速地看出事物之间的联系。他们喜欢为改变做准备，不过他们能够预料到最后的结果会是怎样的。

我为公司的副主席制订旅游计划。以前，他总是在拿到机票的时候获知自己的旅程。我开始为他提供旅程信息和会议安排，以及为他安排准备会面的公司领导。我收集所有相关信息，并把这些信息放在一个塑料的文件夹里。这个文件夹方便携带，而且在旅途中可以阅读。同时，副主席在走进会议室的时候，也就对情况有了更加清楚的认识。（ENTP）

我在一家法律公司负责一个项目。与我共事的两个同事非常注重细节。我帮助他们创建了结构化的框架，帮他们了解事情的优先顺序，按时完成任务。这个项目需要投入很多时间，也带来了很多矛盾。我在压力之下，保持冷静。另外，我也能很好地处

理自己的压力和睡眠不足。这有利于集中客户的注意力，并且让事情正常发展。（ENTP）

一天，我和另一位销售助理一起与管理层开了一次会议，讨论我们销售助理在服务客户方面存在的缺陷。我向经理分析了我们公司在客户服务方面的缺陷，以及这种缺陷如何影响客户服务。我的朋友和我还会常常开玩笑说，那是我们的第一份咨询工作。（ENTP）

我们现在正在进行一个项目以改善我们的程序，并且分析我们将如何影响各个部门。这个团队由来自七个不同部门的重要人物组成。我们每周开一次会议，看看完成了多少任务；然后我们分析每个部门该如何利用这些数据，以及下一周我们该做些什么。我发现这个团队非常有效率，因为只有取得了大家的一致认同，我们才会做出决定。（ENTP）

主题十：调解冲突

只要冲突最终以逻辑、客观和有依据的方式解决，远见卓识者就不会感到不自在。在工作中，他们在争论的时候保持冷静，并且会在争论的双方之间充当调解者。

在工作中，我给公司带来了变化，因为我是老板和员工之间的协调者。我和老板是交往已久的朋友。她不经常与员工联系，员工也不经常与她联系。因为我了解他们双方的感觉和想法，所以我能够在他们之间做出有效的交流。（ENTP）

我在很多时候，都充当着同事和老板之间的中间人。同事会向我求救，要我将他们的担忧传达给老板。他们中的很多人害怕老板，但我并不害怕。例如，我的一个同事和老板大吵了一架后，我充当了和事佬的角色。我也是主要负责客户关系的人。每个做着与我相同工作的同事都会跑来问我，他们在服务顾客方面是否存在问题（例如，食物被退回，或者某个顾客抱怨服务不周到）。（INTJ）

我在联合管理部门做了很多工作。我试着让他们明白，他们不会就每件事情都达成一致意见。他们需要解决那些涉及共同利益的问题；他们不应该互相推卸责任，应该想出该怎么做，而不是把所有的时间都用来想是谁犯了错。最后，他们意识到，他们浪费了很多时间寻找犯错的人，而且，当他们努力解决问题的时候，情况就好了很多。（INTP）

远见卓识者在人际关系中做出的改变

远见卓识者如何运用自身性格的优势在人际关系中做出改变？

主题一：客观地做出个人改变

远见卓识者会将建立人际关系视为他们在乎的一种任务，并且会利用自己的能力做出改变。他们的逻辑、成就以及对未来的关注使得他们以一种直率、坦白的方式解决人际关系中的问题。他们也会在工作之外运用自己的优势。那么，为了人际关系，为什么不利用他们的优势来帮助他们在乎的人呢?

通过使用系统性的计划方式,我与现在的妻子建立了关系。我想了想,一个女孩想要什么样的完美约会,然后我计划了带她去哪儿吃晚餐,给她买鲜花,带她去看电影,并把早餐送到她的床边。(INTJ)

我的父亲去世后,我在母亲的生活中扮演着更为重要的角色。她做决定前,会向我咨询。她要我帮她修理东西。通过这些,我们之间的关系更加亲密了。我希望通过我的行动,我的母亲能够知道我有多在乎她,以及多么在意她的身体状况。(INTJ)

我帮助家人和朋友表达他们自己。这包括当他们无法清楚地表达自己时,我帮助他们清楚地表达他们的想法、恐惧等。这样能够帮助他们发挥自己全部的潜力。也正因为这样,我对自己的未来有了更加清楚的认识。在人际关系中做出改变,关乎观点和潜力。(ENTP)

主题二:解决问题,制订计划

通过解决问题,远见卓识者在人际关系中做出了改变。他人能够从他们解决问题、制订计划的天赋中受益。偏好知觉的远见卓识者(NTP)往往乐意提供选择,而那些偏好判断(NTJ)的人喜欢做出决定。

我的家庭成员遍布密歇根的东南部。有 14 个孙子从来没有看望过我们的爷爷奶奶。我为他们的金婚准备了一张"孙子大合照"。要把我们所有的人都聚集在一起,几乎是不可能的。不过,我成功地安排了日程，并且找了一间足够大的摄影棚来为我们照相。这张照片拍出来后，效果好极了。爷爷奶奶看到我们所有人都在一起为他们庆祝，他们非常开心。(ENTP)

我脑海中想到的是一个发生了两三次的故事。与我两门之隔的邻居已经 80 岁了。她主要通过邮件和短信与一些亲戚保持联系。当她第一次上网的时候，她不知道如何安装程序，而且她的计算机也出现了故障。她给我打了个电话，问我是否能够帮助她。我轻松地帮她解决了这些问题。她要付钱给我，不过我拒绝了。我告诉她，我的家人很久之前就已经知道她了，而且她在过去也帮了我们，如当我们不在家的时候，帮我们照顾家里的小狗。最近，她的计算机又出现了问题，我又帮她解决了。她是一个很好的人，我想我的帮忙可能让她没那么沮丧。事实上，很多跟她一样年龄的人根本不会使用网络和计算机。就这点而言，她做得棒极了。(INTJ)

主题三：鼓励自立

远见卓识者往往很自立。他们会去做那些需要做的事，而且会独立完成。远见卓识者能够想象自己的搭档想要什么，而且往往会认为"付出比接受好"。

我有 10 个兄弟姐妹，我排行老四。在我 10 岁的时候，由于家中照管不良，我被送到看护所。我长大后，经济上变得非常独立。后来，我获得了 4 个小妹妹的监护权。我自己抚养她们，这样她们在离开看护所的时候能够和其他的兄弟姐妹在

一起。(INTP)

在人际关系中,我总是甩人的那一个,而不是被甩的那一个。不知道出于什么原因,我的前任男朋友总会试图恢复我们曾经的关系。结婚后,我收到了一些卡片,上面写着:"祝贺你,如果这张卡片没有用的话,请打我电话。"我相信,我的魅力与我的长相并没有关系。我认为,正是因为我的真实、不情绪化,他们才喜欢和我在一起。(INTP)

我支持我的妻子创建一个培训中心。我鼓励她,给她足够的空间做自己想做的事。(ENTP)

我最近和我的男朋友分手了。他是一个军人。他准备第三次前往伊拉克。他告诉我,他在他们的基地结交了一位女朋友。虽然这伤到了我,但是我还是听他讲完了他那些无法厘清的感觉。我知道,他现在给予的没有接受的多,但是在过去,他给予的比接受的多。所以现在,我愿意在他需要的时候帮助他。(ENTJ)

主题四:帮助他人提高能力

远见卓识者重视自己和他人的能力,并且会经常鼓励他人继续发展他们的知识和技术。他们不是简单地说"我感觉你能够取得进一步的发展",而是为能力的发展提供具有逻辑性的计划,如经济支持。

一年前,我和另外两个学生一起做项目。我们要用视觉工具做一个 24 分钟的展示。我在公共场合演讲非常自在,但我也明白有些人并非如此。我鼓励这两个成员站出来,负责演示。当他们表述我们的想法时，我给他们提示等。我们对展示做了多次演练。在我们展示的那一天，我为他们的表现感到自豪。当然，那一天他们一开始表现得很紧张，不过，后来他们进入状态后就表现得相当镇定。当展示结束后，大家都表扬他们在公众面前演讲变得自信多了。（INTJ）

我对我的现任女友产生了巨大的影响。她在大一的时候，经常逃课，学习很差。当我们第一次约会时，我鼓励她要好好学习，并且告诉她接受教育的重要性。大体而言，我就是告诉她，在这个年龄，她需要接受好的教育，以获得一份好工作和一个幸福的人生。我还尽可能多地鼓励她。现在，她的学习比我好。她的平均学分成绩是 4.0，而我只有 3.0。（INTJ）

我在人际关系中经常给别人"人生的指导"。例如，我和丈夫最近去一家事务所更正我们的遗嘱。那位女律师非常友好，有能力，而且有效率。一周后，我独自拿着文件去找她。我们很快就谈完了公事，在接下来的两个半小时里，我们都在闲聊。她现在决定去攻读老年医学博士学位，而这个决定是我在听完她的讲述后，给她提出的建议。（INTP）

主题五：使用习得的人际关系技巧

远见卓识者喜欢把事情想明白。因此，他们想了解所需的有关人际关系的技巧来加强他们所希望的人际关系。他们喜欢学习。他们学着倾听，学着从辩论中吸取知识，而不是对所有事情都进行辩论。他们还会从外部的资源中习得其他的人际关系技巧来帮助他们成长和发展，并且发展自己与他人之间的关系。

在人际关系中，我做出的改变是学习如何成为一个好的倾听者和协调者。很多次，我发现自己没有倾听，有的时候甚至忽略了我的女朋友的感受。她总是说我没有倾听她的感受，忽视她。我把这看成一个个人能力问题，而不仅仅是人际关系的问题，所以我开始学着重复她说的话和表达的感受，然后将这些重复给她听。正因为如此，我们相互了解彼此要交流什么，不会因为交流的问题而草率地得出结论。同时，我也学会了用不同的方式表达自己的感觉。我发现，一些人对于一些词汇的表达非常敏感，所以你必须留意。我过去用一种我认为坦率、直接的方式表达。这在某种程度上能够产生真实的交流，但是我过去的表达方式也产生了一些问题。因为如此，我换了一种方式来表达。现在，我会说："我喜欢这个，是因为……"这会帮助其他人明白我的依据。（INTJ）

我曾经和一个女生在一起四年。我们之间有很多冲突。她是一个不自信的女孩，而且当我和其他女生聊天时，她会有种威胁感。我试着做出改变来避免冲突。后来，我决定，自己需要为自己站出来。我需要学习如何面对问题，而不是选择逃避。这使我们之间的关系结束了，但是，这帮助了我成长。有的时候，你要将你的需要放在首位。我现在是一个更好的学生、更好的经理，也是一位更好的领导。我也有了新女朋友。我知道我如果还是像以前那样，没有做出改变的话，我永远也不会遇见她。（ENTP）

当我和女朋友有了矛盾时，我就会试着运用自己在学校学到的关于解决冲突的方法。我会首先做出妥协，希望我们两个人都会感到满意。我也会有选择性地争吵。我发现这个策略用于解决工作方面的冲突时也很有用。（ENTJ）

主题六：使用高标准来激励他人

远见卓识者往往会为自己设定高标准。就像他们会在工作中设定高标准那样，他们也会在人际关系中设定高标准，而且他们相信这是一种动力。他们崇尚自立，因此他们会鼓励他们的搭档也学会自立。

> 在过去的三年里，我的丈夫获得了三次升迁的机会。他告诉我，正是因为我的影响，他才能取得成功。我会询问他的工作（因为我真的非常感兴趣）以及他的职业发展，以表示我对他的支持。我还给了他足够的发展空间，而不是束缚他。我还会以身作则。我是一个聪明的人，但是我很努力地工作，而不是仅仅依赖于自己的聪明才智。我的丈夫说正是我的这种品质激励他更好地工作。虽然我们现在各自处于生活的不同阶段——他的事业很成功，而我还是一个学生——但是我的行动和态度对我们的关系产生了巨大的影响。（INTJ）

> 几年前，我们计划参加家庭旅游。我们邀请了外甥和外甥女一起参加。但是其他的家庭成员却希望我们能够和他们的孩子一起玩。我们认为，我们有很多的时间可以相处，没有必要起冲突。我们没有邀请那些孩子，而是坚持说，这次的假期只是想重温和大家在一起的时光。那一次，我们分开旅行。我们和这些孩子依旧有着紧密的联系。我相信，部分原因是信任和尊重并不会因为

这次事件而受到破坏。当提到工作或家中的道德准则时，人们总会以我的做法为代表。道德非常重要。为他人牟利不仅是一件适宜的事，而且是一件正确的事。例如，当商店给我找零的时候，如果他们多给或少给我，我都会指出来。我认为一个人要有道德。（INTJ）

当我决定重返校园的时候，我决心要在各科都拿到 A。我想告诉我的孩子，即使在你的生命中有很多事要做，你也依然能够取得好成绩。自 2004 年入学以来，我已经修完了 48 个学分，获得了 15 个 A 和 3 个 A-。这个学期，我还要修完 12 个学分。不过，我能够自豪地告诉我的孩子，我的平均学分成绩为 3.54。我还和我的两个女儿一起参加了表彰会。我还做了其他事，如做一些全职工作和兼职工作，抚养我的四个孩子，照顾我的丈夫，做家务等。从我入学以来，我的孩子们都列为优等生，登上了荣誉榜。（ENTJ）

我的很多朋友因为做混混而被抓起来。我试图与他们交流一些真实的问题（如世界新闻、商业机会和社会价值观等）以激励他们。我试图让他们变得自信。我想要让他们明白，一个人并不一定要通过上大学而变得聪明或有知识。（INTP）

在工作之外，我通过激励别人，改变他们的生活。首先，我用自己的例子（获得的成绩、找到的工作及负责的态度）鼓励年轻的亲戚设定高标准。我告诉他们，当他们获得成就时，我们为他们感到自豪。我还给他们一定的奖励。其次，我会让男性朋友更有自尊和自信，我经常夸奖他们，给他们物质上的奖励（如给他们买他们最喜欢的东西，或让他们去做自己想做的事）。我赞扬他们，或当他们做了了不起的事时，予以表扬。最后，他们往往会把这些良好的行为变成自己的习惯。我还会鼓励同龄人，主要通过赞扬他们过去所取得的成就。我也会尽力帮助他们或和他们一起做事，这样他们就不会感觉孤独，而且会觉得自己有人支持。（ENTP）

主题七：解决冲突

远见卓识者往往把人与人之间的冲突视为另一个需要解决的问题。当和别人起争执或讨论问题时，他们能够保持冷静，从而对人际关系产生影响。他们也会帮助自己在乎的朋友和家人协调冲突。

当我离家去上学时候，我的父母之间的关系正闹得非常僵。我到学校一年后，我的继母搬出了家，住进了另一个公寓。我发现后回到家，分别和他们谈了话，了解到他们谁也不想结束关系。然后，我认为，他们应该不抱任何压力地约会一次，享受二人世界。他们之间的问题在于，他们都试图将两个家庭融合起来，但是这两个家庭的成员都长大了，也没有住在一起。他们单独出去旅游了几个月。回来之后，他们讨论该如何进一步发展。（ENTP）

当我的母亲和哥哥发生争吵时，我就会充当中间人的角色。我告诉母亲，哥哥不会被那些不良青年给带坏。我告诉她，哥哥只可能去影响别人，而不可能被别人影响。同时，我也告诉我的哥哥："她是你的母亲。她给了你生命，关心你的成长。她只是为你着想。你要知道，你的行为让她多么难过。"我告诉他们要从对方的角度出发。他们的关系还很糟，不过比以前好多了。
（ENTP）

　　当我刚结婚时，我和丈夫之间有很多争吵。我们甚至为晚餐要准备的食物争吵过。我是那种喜欢从争吵中得到结论的人——我必须知道谁对谁错。这些争吵让我对我们之间的爱情产生了怀疑。于是，我们开始认识到，我们不能这样争吵下去了。这些争吵完全没有必要，也伤害了我们之间的感情。所以，我们试着不为琐碎的事情吵架。以前，当我感觉不对头时，我就会把我的想法说出来。但是后来，我让自己冷静下来，给自己至少两三个小时的时间仔细思考。之后，我的感觉就没有那么糟了。这是一种不错的方法，可以避免与对自己而言很重要的人发生争吵。
（ENTJ）

主题八：聪明地运用逻辑

　　在远见卓识者的性格中，有创新的一面。但是，这种创新更多的是一种认知的功能，而不是美学的功能。通过用聪明的方式取悦他，他们在人际关系中做出了改变。他们的双关和隐喻能够带来欢笑（或抱怨），并且能够刺激会话的产生。

　　我的好朋友艾米和她丈夫戴维之间出现了一点问题。他们每隔一天，就会吵着要离婚。这次的情况很糟。我问艾米为什么她现在对戴维越来越不耐烦了，她说自己也不知道这是为什么。我告诉她，当我离开军队时，我的想法是怎样的。你觉得一离开军队就要为自己以后的生活做决定，因为如果你不为自己制订一个计划，那么你就又会回到军队里。这样的事情时常会发生。有的时候，做一个士兵比做一个百姓容易。尤其是当你已经在军队中生活过，知道自己能够适应那儿的生活。几天之后，艾米给我打了一个电话，在我们谈话之后，他们之间的关系变得比以前更好了。戴维去年从军队退伍，他完全能够理解我的比喻。她说他们现在能够心平气和地好好谈一谈，而且戴维能够在她做出轻率的决定之前让她平静下来。（INTJ）

我发现自己常常会尽力改善人际关系。我的女朋友离我这儿有两小时的路程，但是我每周都会开车去见她。一次，我通过"寻宝游戏"给了女朋友一个大大的惊喜：我在很多地方都放上一朵鲜花，然后每个地方都会有一张纸条提示下一朵花在哪儿。我喜欢自己的这个全盘计划。我很少会给女朋友带来这么大的惊喜。（ENTP）

几年前，我给了我的妻子一个特别的生日礼物。因为我在军队里，所以我们需要常常搬家，因此，我安排妻子的母亲和妻子在一家温泉见面。她的母亲从没有泡过温泉，因此一直想去。我的妻子特别享受那一天和自己的母亲一起泡温泉。她们都非常喜欢我的安排，这让我感觉很开心。（ENTJ）

在我大一那年，我遇到了我现在的男朋友迈克。但是，当时我们还只是一般朋友。他的生日在9月底，而且他准备自己一个人过。我和另外一位朋友叫上了一群朋友，然后"绑架"了迈克，蒙上他的眼睛，开车把他送到城里。他惊喜地看到了我们为他准备的生日晚餐。然后，我们又蒙上了他的眼睛，带他去看老虎队

棒球比赛（他最喜欢的运动）。他深深地记得这个生日聚会，尽管在那个时候，我们仅仅认识了几个礼拜。（ENTJ）

主题九：提供并且利用专长

远见卓识者重视专长和取得的成就。偏好判断的远见卓识者（NTJ），要么大声地给出建议，要么通过默默地做好事情来给出建议。

在我的家里，我受教育的程度最高，所以我在生活上帮助父母和兄弟很多事。因为我是家中的长子，所以我告诉我的弟弟可以向我询问生活的方方面面，可以问我有关女孩的事情等。我在经济上帮助父母，具体而言，就是帮助他们理智地花钱。例如，买一辆还在保修期内的二手车，这样就能比买新车节省几千美元。（INTP）

通过向他人提供建议，我在人际关系中实现了改变。他们不一定会采纳我的建议，但只要他们知道我对他们而言是一个可以提供咨询的重要人物就足够了。（ENTJ）

我的第二任妻子在与我结婚前，与我协商了我们在婚姻中的关系。我们将这个经验分享给了其他准备结婚的新人。（ENTP）

主题十：面向未来

远见卓识者天生关注未来。他们会帮助朋友和亲人展望未来。当谈到人际关系时，他们会认为自己是团队中的一分子，要解决生活中的困难。通过增加成长的计划，他们做出了改变，这样他们和他们的搭档就能创造更好的生活。

我的朋友曾经做了一个不道德的决定。她想把糖放进前男友的汽车油箱里，破坏他的车。我提醒她，这会被查出来，会令她自己陷入麻烦之中；而且，如果她的前男友看到她为他这么痛苦，他该有多开心，而她自己却因此受到惩罚，这该有多羞愧。（ENTP）

朋友常常说，我能够和性格与我完全不同的人相处得来。我喜欢和那些能够将我做不来或做不好的事做得很好的人相处。例如，在婚姻中，我知道我们的财政状况，制定长远的目标，并且会表达自己的关心。我的妻子还通过扩展我们的社交活动、提供美味的食物及让我忘却工作的烦恼等提高了我们的生活质量。我们都为我们的关系做出了努力，这也对我们的关系产生了影响。（INTP）

我总是提醒我的朋友两件事，这两件事是我每天都努力要实现的。我告诉他们，当我不再为我不能改变的事情感到担忧时，自己感觉会好很多。我总是告诉他们要微笑，因为这会让大脑释放内啡肽，从而对身体有益。我还记得有一次，我的妹妹为期末的测试担忧不已。而当时还只是开学初。我告诉她，她的这种担忧并不能给她带来什么好处。她现在能做的，就是经常复习，做准备。她一直都告诉自己能够做得很好。所以，在期末的时候，她得了一个 A。我很高兴自己能够作为长兄指导她。我也很自豪自己能够倾听她的心声，给她正确的意见。（ENTP）

我有一个弟弟叫斯科特。他是开货车的。他赚了很多钱，还买了很多玩意：三辆小车，一辆雪地机动车，一辆小型货车以及一艘船。他今年马上就要 30 岁了，但还没有为自己的退休做准备。我 32 岁了，拥有约 20 万美元存款。我告诉斯科特存款的重要性。去年夏天，所有的兄弟姐妹都和母亲一起去了解母亲的财产，这样我们就知道她希望如何分配这些财产。在会议中，我的兄弟姐妹发现，我的财产比母亲的还要多，因为她没有将钱用于长期的投资。从那以后，斯科特将自己的一些财产卖掉并投资于共同基金。亡羊补牢，为时未晚。（ENTJ）

远见卓识者与其他核心性格类型的人的对比

远见卓识者不全是一样的，他们和其他核心性格类型的人有着某些相似之处。远见卓识者一般会以客观的方式做事，即使是私人的事。他们还会试着为长期的解决方法建立系统。与稳定者（有关稳定者的描述见第 4 章）一样，远见卓识者偏好思维。因此，当他们试图做出改变时，两者都表现得比较客观，因为他们都想分析、批判和逻辑地解决问题。远见卓识者喜欢在细节中寻找规律和相互之间的联系，还喜欢寻找能够解决与目前情况和人际关系相关的长期问题；而稳定者更关注当前情况的特定细节。

与有感染力者（有关有感染力者的描述见第 6 章）一样，远见卓识者偏好直觉。他们二者都喜欢对自己试图改变的情况或人际关系产生长期的影响。远见卓识者强调会产生客观、逻辑的解决方案的逻辑联系，而有感染力者更强调人和价值观。

远见卓识者与协调者（有关协调者的描述见第 5 章）之间的相同点最少。远见卓识者往往是最为独立的，而且会采用独立、客观、逻辑的方式解决与目前的工作或人际关系相关的长期问题。相比较而言，协调者更重视人际关系而不是问题的解决方法。

相关练习

在阅读第 8 章之前，请先完成练习 12 和练习 13，看看你是否能应用本章中提到的主题来帮助你在工作和人际关系中做出改变。

练习 12　利用远见卓识者的性格特征在工作中做出改变

利用本章中提到的远见卓识者的性格特征，根据自己在工作中可能的使用频率，选择相应的等级。等级说明如下：

0=几乎从不

1=很少

2=偶尔

3=经常

4=几乎总是

1. 利用能力（关注成就，推动发展，利用知识和技能完成事情，用度量体系确定成就）

| 0 | 1 | 2 | 3 | 4 |

2. 挑战自我和他人（挑战权威，做出反抗、争论，非传统派、非墨守成规者，推动改变）

| 0 | 1 | 2 | 3 | 4 |

3. 着眼于未来（发展/设计新的体系、程序、计划和目标）

    0   1   2   3   4

4. 负责做出改变（觉得必须领导他人，做决定，做出努力，使情况好转）

    0   1   2   3   4

5. 运用知识（将理论运用于实际当中，愿意通过研究来获得知识）

    0   1   2   3   4

6. 设定高标准来激励他人（推动他人取得成就，提高标准）

    0   1   2   3   4

7. 一劳永逸地解决问题（用分析的方法解决问题，指导研究，提供选择，喜欢做出决定）

    0   1   2   3   4

8. 给出专业的意见（给出建议，指导工程，对有潜力的新员工给予指导，提倡基于专业技能的职位）

    0   1   2   3   4

9. 面向未来（明白事物之间的联系，寻找外在的关系，预见整个未来）

    0   1   2   3   4

10. 调解冲突（对冲突不会感到不自在，扮演着调解者的角色，在争论中保持冷静以协商解决办法）

    0   1   2   3   4

请保留这些判定结果，因为在第 8 章的计划练习中你还要用到。

📝 练习 13　利用远见卓识者的性格特征在人际关系中做出改变

利用本章中提到的远见卓识者的性格特征，根据自己在人际关系中可能的使用频率，选择相应的等级。等级说明如下：

0=几乎从不

1=很少

2=偶尔

3=经常

4=几乎总是

1. 客观地做出个人改变（具有逻辑，以成就和未来为导向，直率地表达问题）

| 0 | 1 | 2 | 3 | 4 |

2. 解决问题，制订计划（分析并提供选择，寻求决定和解决办法）

| 0 | 1 | 2 | 3 | 4 |

3. 鼓励自立（值得信赖，知道搭档想要什么，自立）

| 0 | 1 | 2 | 3 | 4 |

4. 帮助他人提高能力（重视能力，鼓励他人的发展，制订逻辑性计划）

| 0 | 1 | 2 | 3 | 4 |

5. 使用习得的人际关系技巧（具有逻辑地确定所需的人际关系，倾听，有选择地战斗，从外部资源习得）

| 0 | 1 | 2 | 3 | 4 |

6. 使用高标准来激励他人（设定高标准，推动他人达到标准，自立）

    0   1   2   3   4

7. 解决冲突（面对他人和问题，调解争议，保持平静）

    0   1   2   3   4

8. 聪明地运用逻辑（有创意地计划，寻求聪明的方式取悦他人，使用双关和隐喻）

    0   1   2   3   4

9. 提供并且利用专长（重视能力和成就，给出完美的建议，完成事情）

    0   1   2   3   4

10. 面向未来（展望未来，将人际关系视为合作伙伴关系）

    0   1   2   3   4

请保留这些判定结果，因为在第 8 章的计划练习中你还要用到。

第 **8** 章
制订计划，做出改变

　　我们重复做什么，就会成为什么样的人！优秀不是一个行为，而是一个习惯！

——亚里士多德

　　如果你还没有制订计划，那么你就该好好利用从这本书上学到的知识了。也许你喜欢阅读那些故事，了解自己的性格类型，思考自己在工作或人际关系中做出的改变。本章为你提供了一种系统的方法来帮助你利用自己的性格增加自己做出改变的次数。这种方法包括的练习可以帮助你了解自己的能力，从自己之前的努力中吸取经验教训，以及制订长期和短期的计划。

为做出改变，了解自己的能力

只有想法是不能做出改变的。正如之前提到的那样，做出改变取决于三个因素：能力、动力和机遇。你可以以任意的顺序来检查这三个因素，但是当你制订计划，利用自己天性中的优势在工作和人际关系中做出改变时，你必须将所有的因素结合起来。

你的能力

你的性格偏好揭示了你的个性。这些偏好不一定能够代表你擅长做什么，它们只是表明哪些对你而言更加自然。我们首先来看看你的核心性格类型，也就是说，你是否偏好感觉或直觉，思维或情感。你是一个稳定者、协调者、有感染力者，还是一个远见卓识者？回顾你在前面做过的练习：第 4 章中的练习 6 和练习 7，第 5 章中的练习 8 和练习 9，第 6 章中的练习 10 和练习 11，以及第 7 章中的练习 12 和练习 13。利用这些结果完成练习 14。

📝 **练习 14　利用你的天生才能做出改变**

1．工作主题

在描述你的性格类型的那一章中，选出三个你经常在工作中用来做出改变的主题。你在练习中的评分能够帮你做出决定，不过为了你目前的工作环境及你未来的工作环境，请用逻辑及你的感觉做出选择。你所使用的主题可能不止三个，不过请把注意力放在最常用的这三个主题上。

a._____

b._____

c._____

2．人际关系主题

在描述你的性格类型的那一章中，选出三个你经常在人际关系中用来做出改变的主题。你在练习中的评分能够帮你做出决定，不过为了你目前的人际关系及你未来的人际关系，请用逻辑及你的感觉做出选择。你所使用的主题可能不止三个，不过请把注意力放在最常用的这三个主题上。

a._____

b._____

c._____

3．过去的主题

过去的行为往往能够很好地预示未来。回顾你在第 2 章的练习 1和练习 2 所做出的选择。你是否在工作或人际关系中用到了前面两步没有提到过的能力？如果是，请将这些能力写在下面。

a._____

b._____

c._____

4．其他主题

看看你在不是描述自己性格类型的各章中所做的练习。如果你没有做这些练习，那么请看附录 C。附录 C 包括所有性格类型的人在工作和人际关系中所使用的主题。如果这些主题能够表示你希望在不久的将来使用到，那么就将这些能力写在下面。

a._____

b._____

c._____

你的动力

你有能力做出改变，并不意味着你会主动做出改变。因此，你需要动力来利用与自己核心性格特征相关的天资。动力主要由两个因素组成：期望和回报。练习 15 能够帮助你思考什么样的动力能够激励你利用自己的能力做出改变。

📝 练习 15　做出改变的动力

1. 过去的动力

首先，看看你在第 2 章中对练习 1 至练习 3 做出的回答。在下面写上你在工作或人际关系中做出改变的动力。

a._____

b._____

c._____

d._____

e._____

2. 在工作中的期望

工作中的期望，无论是来自自己还是他人，都可能激励你做出改变。例如，经理在工作中往往需要明白哪些工作要做，以及需要以全面周到的方式完成任务。写下你在工作中的期望，了解哪些期望能够激励你利用自己的天资做出改变。

a._____

b._____

c._____

d._____

e._____

3．工作中的回报

工作中的回报可以是外在的，如升职、更好的工作环境或加薪；也可以是内在的，如得到赞赏，或者享受成就感之类的。你认为哪一种回报能满足在第 2 步中提到的期望，并且能够激励你在工作中做出改变。

a._____

b._____

c._____

d._____

e._____

4．在人际关系中的期望

人际关系中的期望，无论是来自自己还是来自他人，都可能激励你做出改变。例如，一些人希望能够经常看见他们的搭档，并且想知道他们要去哪儿、何时回来。写下你在人际关系中的期望，了解哪些期望能够激励你利用自己的天资做出改变。

a.＿＿＿＿＿＿＿＿＿＿＿＿＿＿＿＿＿＿＿＿＿＿＿＿

b.＿＿＿＿＿＿＿＿＿＿＿＿＿＿＿＿＿＿＿＿＿＿＿＿

c.＿＿＿＿＿＿＿＿＿＿＿＿＿＿＿＿＿＿＿＿＿＿＿＿

d.＿＿＿＿＿＿＿＿＿＿＿＿＿＿＿＿＿＿＿＿＿＿＿＿

e.＿＿＿＿＿＿＿＿＿＿＿＿＿＿＿＿＿＿＿＿＿＿＿＿

5．人际关系中的回报

人际关系中的回报可以是外在的，如能够花更多的时间和他人在一起，或者获得别人的承诺；也可以是内在的，如知道自己正在成为自己想要成为的那种人，或者感觉自己是一个好人。你认为哪一种回报能满足在第 4 步中提到的期望，并且能够激励你在人际关系中做出改变。

a.＿＿＿＿＿＿＿＿＿＿＿＿＿＿＿＿＿＿＿＿＿＿＿＿

b.＿＿＿＿＿＿＿＿＿＿＿＿＿＿＿＿＿＿＿＿＿＿＿＿

c.＿＿＿＿＿＿＿＿＿＿＿＿＿＿＿＿＿＿＿＿＿＿＿＿

d.＿＿＿＿＿＿＿＿＿＿＿＿＿＿＿＿＿＿＿＿＿＿＿＿

e.＿＿＿＿＿＿＿＿＿＿＿＿＿＿＿＿＿＿＿＿＿＿＿＿

你的机遇

有的机遇就是会垂青于你。不过看看你是如何安排自己的时间的，你会发现，其中的一些时间是"生存"时间：你要在工作上花费时间以保住这份工作；你要在配偶、家人或朋友身上花费时间，否则的话，就会失去他们；你要在某一项任务上花费时间，如果不这么做，某人或某事就会遭受损害，并且你将会失去机遇、金钱或自尊。这些就是能够抓住你的注意力的时间。事情可以是非常简单的。例如，如果你今天早上不把家具移出房间，那么下午粉刷匠就不会粉刷你的墙；如果你在周五下午 3 点的时候，没有给潜在客户递交你的计划书，那么你就没有办法签订合约。

花费的这些时间大部分很可能都是必要的。不过有些时间就并非如此了。因此，你需要节省下部分时间，利用自己的计划、协商技巧或其他管理策略来做出改变。丹尼尔·卡纳曼等人在 2006 年的研究表明，对时间的利用是最能够给人满足感的因素之一，也是我们最能改善的因素之一。看看自己用来消遣的时间与用来做出改变的时间之间的比例。想想自己准备在下一周花多少时间来消遣，以及要用多少能力和动力在生活和人际关系中做出改变。利用练习 16 了解潜在的机遇，从而做出改变。

📝 练习 16　你做出改变的机遇

1．工作中的情况

看看你的下一周工作计划。想想自己将和谁一起工作，以及要做什么样的工作。写出自己试图利用核心性格类型做出改变的机会。将这些机会写在下面，并且在自己最希望利用的机会上画个圈。

_____

_____

_____

_____

2．人际关系中的情况

仔细想一想下一周。写出自己试图利用天资做出改变的人际关系（如和某个重要的人物、配偶、朋友、邻居等）。将个人/人际关系写在下面，并且在自己最希望拥有的人际关系上画个圈。

在短期内做出改变

在练习 16 中，你准备如何利用自己的能力和动力在特定的工作环境和人际关系中做出改变？请在练习 17 和练习 18 中，写下自己本周的短期计划。这将帮助你更加频繁地做出改变，并将此变为一种习惯。记住，所有的小事都能做出巨大的改变。你准备何时和谁一起做出怎样的改变？具体地说出自己将采取怎样的步骤来处理工作和人际关系。你的性格类型将如何使你所做出的改变看起来非常自然？运用你在前几章所学到的知识，以及你从与你拥有相似的性格类型的人们的故事中学到的经验。不要等待事情的发生——对本章的工作和人际关系制订计划，做出改变。不过，要根据情形做出适当的调整。

练习 17 本周你在工作中做出改变的短期计划

为了在练习 16 的第 1 步提到的特定的工作环境中做出改变，你应该事先做什么？

_____

_____

_____

你将如何处理情况？你会自己做，还是会和其他人一起努力做出改变？你会说什么或做什么？确定你的言行和你的才能，尤其是和你的核心性格类型是一致的。利用你的动力做出改变。在你采取行动前，你可以向一位值得信任的朋友或同事练习一下你的开场或检查一下你的计划。好好利用你从这个人身上得到的反馈。

_____

_____

_____

_____

说出自己在特定的情况下使用能力和动力的其他细节。

你在特定的情况下为了做出改变而采取的行为或表现出来的能力：

_____

_____

_____

_____

你将采取的步骤（你将和谁在何时怎样做何事）：

_____

_____

_____

_____

_____

_____

📝 **练习 18**　本周你在人际关系中做出改变的短期计划

　　为了在练习 16 的第 2 步所提到的特定的人际关系中做出改变，你应该事先做什么？

_____

_____

　　你会如何接近这个人？你事先需要做哪些安排？你会说什么或做什么？确定你的言行和你的才能，尤其是和你的核心性格类型是一致的。利用你的动力做出改变。在你开始接触前，你可以向一位值得信任的朋友或同事练习一下你的开场或检查一下你的计划。好好利用你从这个人身上得到的反馈。

_____

_____

说出自己在特定的人际关系中使用能力和动力的其他细节。

你在特定的人际关系中为了做出改变而采取的行为或表现出来的能力：

_____

_____

_____

你将采取的步骤（你将和谁在何时怎样做何事）：

_____

_____

_____

学到的经验教训

在练习 17 和练习 18 中，你计划了自己将如何在一周内对工作和人际关系做出改变。事情进展得如何？你是否利用了与自己核心性格类型相关的能力和动力？练习 19 能够帮助你了解自己从这些努力中学到的经验教训。

练习 19 从上一周的努力中学到的经验教训

之前，你试着用自己的能力和动力在工作和人际关系中做出改变。简要地描述一下发生了什么，不要做出评价。

_____

_____

_____

_____

_____

你在何种程度上使用与自己核心性格类型（稳定者、协调者、有感染力者和远见卓识者）相关的能力？你做出改变的动力是否得到加强？

_____

_____

_____

_____

在工作中做出改变时，你学习或重新学习到了什么？你如何在未来的工作中使用自己学到的经验教训？

_____

_____

_____

_____

在人际关系中做出改变时，你学习或重新学习到了什么？你如何在未来的人际关系中使用自己学到的经验教训？

_____

_____

_____

_____

做出长期改变

威廉·詹姆斯（William James）在 2007 年指出，一个人要花 21 天的时间形成新的习惯。罗越（Loehr）和施瓦兹（Schwartz）在 2004 年指出，大部分行为会在一个月内变成习惯。在接下来的 3~4 周里，反复做本章的练习，使其成为你每周必做的事。利用自己的核心性格类型做出改变，并从中学习经验教训。

现在看一看你在接下来的一年里，会更加频繁地做哪些事以在工作和人际关系中做出改变。你会做什么来更加有意识地生活？当你做出行动时，你希望使用哪些性格类型、能力和动力？你会做些什么，使自己更加愿意在工作和人际关系中做出改变？你从本书中学到的哪些经验教训能够帮助你更加频繁地在生活中做出改变？你将如何运用自己学到的东西？练习 20 将对你有所帮助。

练习 20　更加有意识地生活

1．关于如何利用自己的性格特征、能力和动力来更加频繁地在工作中做出改变，你学到了哪些经验教训？要具体说明（如有必要，可自行添加更多的经验教训）。

a._____

_____

_____

b._____

_____

_____

c._____

_____

_____

2．关于如何利用自己的性格特征、能力和动力来更加频繁地在
人际关系中做出改变，你学到了哪些经验教训？要具体说明（如有必
要，可自行添加更多的经验教训）。

a._____

_____

_____

b._____

_____

_____

c._____

_____

_____

3．你将如何利用自己学到的经验教训？你将制订怎样的长期计
划来运用自己学到的经验教训？当制订和执行这些计划的时候，你会
做什么来犒劳自己？

_____

_____

_____

_____

小结

　　尽力在生活中做出改变是最符合我们的利益的。如果我们所有人都更加频繁地做出改变，那么我们的世界会变得更好。你天生具有某种能力，而且在生活中也慢慢发展了自己其他方面的能力。你的性格类型中的优势就是你成为自己的基础。我希望，你现在能够更加清楚地认识到自己在工作和人际关系中所采取的方式。如果你完成了本书的练习，那么你就会对自己的能力、动力和机遇有更深的了解。你如何通过成为自己、利用自己的核心性格类型来做出改变？你可以通过随时联系我，并和我分享你的故事。我们会一起用自己的方式做出各种各样的改变。

附录 A
检验你的 MBTI 性格类型

如果你已经通过 MBTI 测试或本书中的练习了解了自己的四字母性格类型，那么你可以通过表 A.1 至表 A.4 中你所选字母的性格类型描述，来检验这四字母是否能够最好地描述你的性格类型。把最终结果填入表 A.5 中。每个表格都有两列，每列代表你的偏好倾向。也许你认为两列中的描述都符合自己，不过请选择最能描述你的那一列。注意，情况驱动行为——人们经常能够用不同的方式满足某一种情况的需要。哪一列最能够准确地描述你呢？

表 A.1　外倾型和内倾型的性格类型

外倾型（E）	内倾型（I）
外倾性的人往往：	内倾型的人往往：
1．倾向于对外部世界的客体做出反应	1．倾向于在内部世界里沉思
2．积极活动	2．偏好内省
3．快速说出想法	3．先思后行
4．通过互动获取能量	4．从精神世界获得心理能量
5．采用尝试—错误的工作方式	5．采用持久稳固的工作方式

外倾型（E）	内倾型（I）
6. 容易接近，容易被他人理解	6. 为少数人所了解，更善于保守秘密
7. 有广泛的兴趣	7. 有着深度的兴趣
8. 有时会比较肤浅地看待事物	8. 有时表现得非常强烈
9. 更加乐观	9. 讨厌一概而论
10. 有洞察力，能够积极地对外界做出响应	10. 不遵守准则或忽略这些准则，遵从自己内心的标准
11. 喜欢和他人共事	11. 喜欢独自工作
12. 独处时才会表现出内向的一面	12. 需要某种结构和特定的角色来带出外向的一面
13. 善于交际，能够很好地开始某种人际关系	13. 限制自己的人际关系；与他人建立人际关系很困难，不过在建立人际关系后表现得很忠诚
14. 关注外部的人和事	14. 关注内心世界的想法和经历
15. 注意一切事物，不太会在意被打扰	15. 讨厌被打扰；更喜欢安静
16. 愿意分享想法和感觉	16. 等着被问到想法和感觉
17. 喜怒形于色	17. 隐藏自己的情绪

表 A.2　感觉型和直觉型的性格类型

感觉型（S）	直觉型（N）
感觉型的人往往：	直觉型的人往往：
1. 着眼于现实	1. 对各种可能性感兴趣
2. 注重细节，关注具体性	2. 注意规律性，注重一般性
3. 依靠感官——非常在意外部环境	3. 依靠直觉——并不依赖于外部环境
4. 对于日常行为更有耐心	4. 对复杂事物更有耐心
5. 明智、务实、实事求是	5. 有想象力、创新性、理想主义
6. 注重现在	6. 着眼于未来，喜欢改变

续表

感觉型（S）	直觉型（N）
7. 讨厌过于复杂的事物	7. 喜欢复杂事物和各种理论
8. 做事稳重	8. 工作时充满精力
9. 有系统性，做事坚持	9. 急于得出结论
10. 不相信直觉	10. 忽视某些事实
11. 具备且重视常识	11. 具备且重视创造力
12. 善于观察事物，并且做出行动	12. 善于发起或推广活动
13. 通过模仿和指导习得	13. 通过行动和深刻的见解习得
14. 能够更好地对真实事物做出反应	14. 明白言外之意
15. 需要通过感官体验来真正了解	15. 通过直觉明白事物
16. 相信成功是 99% 的努力加上 1% 的灵感	16. 相信创造力来源于灵感

表 A.3　思维型和情感型的性格类型

思维型（T）	情感型（F）
思维型的人往往：	情感型的人往往：
1. 通过逻辑思考得出结论	1. 利用价值观和信仰得出结论
2. 客观	2. 主观
3. 退后思考，对问题进行非个人因素的分析	3. 天性友好，除非价值观受到威胁
4. 善于分析、怀疑	4. 轻信他人
5. 更喜欢真理而非事实	5. 更喜欢事实而非真理
6. 喜欢有依据的争论	6. 害怕冲突，喜欢和谐
7. 公正——对待每个人都一样	7. 公正——将每个人都当作个体来对待
8. 公平	8. 用他人喜欢的方式对待他人
9. 在做出有关他人的决定时，会系统地运用政策和法律	9. 在与人打交道时，喜欢做看上去"正确的事"

续表

思维型（T）	情感型（F）
10．通过逻辑性来说服他人 11．合理化自己的价值观和信仰 12．认为自己和他人做好工作是理所当然的 13．对自己或他人的感觉不太敏感 14．客观地看待结果 15．想让自己的情感变得理智 16．通过系统分析及发现解决方法中的缺陷来帮助解决问题	10．利用价值观并激发他人的热情来说服他人 11．清楚地知道自己的信仰和价值观 12．喜欢受到他人的赞扬，也乐于赞扬他人 13．能够知道自己和他人内心的想法 14．主观地看待结果 15．思考问题更加主观 16．通过鼓励他人及建立道德指导准则来帮助解决问题

表 A.4　判断型和知觉型的性格类型

判断型（J）	知觉型（P）
判断型的人往往： 1．注重过程的结束 2．坚持不懈，直到完成工作 3．完成任务时能够得到最大的快乐 4．果断，有目的性 5．急于做出决定 6．喜欢有序的方式 7．喜欢制订计划，然后尽力完成这些计划 8．想要事先做好决定，有明确的期望 9．自律 10．看重工作结果 11．想了解完成任务的最好方式 12．严格遵守计划	知觉型的人往往： 1．注重理解 2．行为保持开放性，讨厌错过任何事情 3．开始任务时能够获得最大的乐趣 4．灵活、犹豫不决，但是善于给出选择 5．经常推迟做出决定 6．没有计划 7．当事情出现时才会去想解决办法 8．想要有多种选择 9．容易分心 10．看重工作过程 11．想了解完成任务的所有方式 12．不能严格遵守计划

续表

判断型（J）	知觉型（P）
13. 认真对待最后期限	13. 时间观念宽松，经常变动最后期限
14. 对自己和他人设定目标，有明确的观点	14. 能够看到论点的两面性，更具有容忍性，有更多尝试性的见解
15. 有时为做出决定，会太快拒绝接收信息	15. 获得多余的信息
16. 偏向于思维—情感型，而非感觉—直觉型	16. 偏向于感觉—直觉型，而非思维—情感型
17. 在做出决定前感到焦虑，做出决定后则会放松	17. 在做出决定前感到焦虑，倾向于多加思考

表 A.5　判断你的四字母性格类型

在回顾了以上性格后，你的四字母性格类型是哪四个字母呢？

————————　　————————　　————————　　————————

E 还是 I　　　　　S 还是 N　　　　　T 还是 F　　　　　J 还是 P

附录 B
你在工作中的核心性格类型

你可以利用下面的练习迅速估计自己在工作中表现的核心性格类型。

想一想你的核心性格类型如何在工作中表现出来。当你在工作中做真正的自己时，你是怎样的？在下面的 A～M 中均有一系列选择。用 1～4 划分等级，其中：

1=最像真正的你

2=相比较而言，比较像你，但程度没有 1 深

3=有点像你，但是程度没有 1 和 2 深

4=有点像你，但程度最低

结合自身情况，请在下面每项性格类型前的横线上写下分数，最后计算出平均分，核查相对应等级，以此来确定自己工作中的核心性格类型。

A. 当你必须做出决定时，哪项最能描述你

___客观、事实（ST）

___同情、友好（SF）

___热情、有见解（NF）

___逻辑、创新（NT）

B．当你向他人咨询建议时，你希望从他人那里获得什么

___诚实（ST）

___对你的个人了解（SF）

___特别对待（NF）

___正式认真的态度，至少在一开始时如此（NT）

C．当和一个销售人员打交道时，你希望得到什么

___事实——关于产品的细节（ST）

___个性化的服务——尤其是关于那些喜欢该产品或服务的人（SF）

___了解他们的愿景——产品的未来，以及这些产品对人和人的价值观的影响（NF）

___逻辑性的选择——尤其是这些选择如何创造系统和框架（NT）

D．当你解决问题和做出决定时，你会使用什么

___来自客观分析的事实以及专业技能（ST）

___来自主观分析的事实（SF）

___来自主观分析的可能性（NF）

___来自客观分析的可能性（NT）

E. 你偏好的组织策略

___详细、客观，不满足于现状，在试验的基础上做出改变，有耐心，一步一个脚印，注重经济（ST）

___强调价值观，脚踏实地，关心他人，关注现在，以经验为基础，考虑个人反应，寻求即时结果（SF）

___具有创新意识，敢于冒险，宣传价值观，推销策略，提供多种选择，基于价值观，以未来和他人为导向（NF）

___展望未来，以未来和目标为导向，具有创新意识，使用理论和框架，精明地冒险，更喜欢制订计划而不是执行计划（NT）

F. 你偏好的组织结构

___具有逻辑性和组织性；等级制度和中央集权，甚至官僚制度；提供清晰的渠道；通过互相制约来降低风险（ST）

___像一个大家庭，对输入提供很多渠道，有清晰且合理的期待，团结一致（SF）

___松散，非中央集权，注重员工的发展（NF）

___复杂，非中央集权，理性；为促进生产力提供适宜的结构（NT）

G. 你偏好的组织系统/程序

___清晰，在报告中使用格式；在做出决定前收集系统的数据；依赖数据和经验；强调计划和成本，控制和确定性；说"展现给我看"（ST）

___在报告中使用格式，但是希望包含个人的观点；允许大量的输入；从他人处，而不是通过客观的方式收集事实、细节、观点、

例子和反映；审查之前的工作（SF）

　　___灵活，松散，加快交流；允许主观的判断；召开会议以获得解决办法（NF）

　　___形式灵活，内容理性；注重结果而不是过程；迅速收集信息，然后利用信息来取得进步，展现部分之间的关系，团结一致（NT）

H. 你偏好的领导类型

　　___强调依赖性和公平性；注重细节和事实；强调发展，然后按照计划做事；直率，客观，有责任感；脚踏实地（ST）

　　___以人为本，考虑周到，富有同情心，公平，依赖，容忍，积极参与，鼓励他人，现实；确定每个人说到做到；通过妥协或协调解决冲突（SF）

　　___强调愿意牺牲小我；积极参与，民主，具有号召力，理想主义，热情，有鉴赏力，善于交际，而且有风度；有很强的能量；表现出希望拯救他人；具有革命性；解决冲突；乐于做出修改（NF）

　　___乐于接受各种可能性；自信，具有改革精神，直率，客观，喜欢刨根问底；强调争论、想法、进步和突破 （NT）

I. 你喜欢的对待员工的方式

　　___对员工进行分类，对每个职位设定清晰的挑选标准，喜欢雇用遵守规则的人；欣赏具有常识的人；不强调自我意识；尊重那些能够使他人做事的强硬派；更强调工作任务而不是员工（ST）

　　___对员工表示关怀；让员工保持和公司一致的价值观；强调培训和发展机遇，平等地分配工作量，不会在公众场合批判他人，更重视员工而不是工作任务，促进成员之间的互动（SF）

　　___推动发展，利用潜力；选择合适的人选；发现每个人好的一面；重视趣味性，鼓励见解，寻求意义，提高人际关系，鼓励他人（NF）

　　___设定高期望，要求能力，善于对新思想做出反应；培养客观的人际关系，关注成就（NT）

J. 你偏好的技巧

　　___吸收和利用细节与事实；测量进步；解决事情，能够有效地开会和做报告（ST）

　　___吸收和利用关于他人的细节与事实；关注人力资源/服务/发展/营销，社交技巧（SF）

　　___关注客户服务和公共关系，沟通的技巧，感同身受；能够看到问题的两面性（NF）

　　___致力于研究与发展，有逻辑，高效，有策略地做出计划，解决问题（NT）

K. 你偏好的价值观

　　___稳定、依赖、有序、现实、务实、准时、公平、客观、高效、安全，有竞争力，不无事生非（ST）

　　___亲和性、公平、传统、合作、尊重、信任、忠诚、和谐、信用，举止得体，金科玉律，每个人都能取得成功，提供一个良好的工作环境（SF）

　　___有乐趣，相信人们都很好且非常重要，和谐、合作、忠诚、创新、发展、多样化、自主性、权威性，有见解，值得信赖（NF）

　　___相信改变，有深刻/复杂的见解，创新，有能力，有逻辑，

追求成功（NT）

L．作为领导者，你可能会有的缺点

___将策略作为一种结果，而不是方法；为一棵树放弃整片森林；过于客观和实事求是；设定严格的结构，因此难以做出改变；过于依赖公式来做出决定；拒绝创新；对复杂的东西没有耐性；不懂得欣赏他人；将员工的努力视为理所当然；难以处理不确定的事；过于按照计划做事；缺乏长远的目光（ST）

___过于在乎他人；简化问题；避免冲突，只相信勤劳工作；缺乏长远的目光；性情温和；试图取悦所有人；讨厌复杂或抽象的事物；被动；为一棵树放弃整片森林（SF）

___极其需要别人的认同，难以自律；感情用事；过于信任他人；幼稚圆滑；话太多；前后不一致；不重视最后期限；容易被他人的喜好影响；避免冲突，过于强调热情；不善于处理细节；没有恒心；重蹈覆辙；试着拯救失败者（NF）

___一旦明白了某件事，就失去了兴趣；没有恒心；自己需要激励，但却不会激励他人；苛刻；对细节和重复性的错误没有耐性；不能很好地委派任务；浪费太多的时间做出计划；行政能力差；提高标准；为了改变而推动改变（NT）

M．更能够说服你的方式

（ST）

- 展现给我看，那确实行得通
- 展示它如何节省时间和金钱
- 显示出有很好的经济效益

- 告诉我如何测量结果
- 在我购买之前，允许我尝试
- 提供具体的运用和好处
- 回答我所有的问题

     （SF）

- 展现给我看，它将如何使我和我在乎的人受益
- 能够对人们产生实际的影响
- 将那些已经从中受益的人作为例子
- 展示它能够产生即时效果
- 在私人的情况下进行
- 在展示中，表现出对我和他人的尊重

     （NF）

- 告诉我，它将如何提高人际关系
- 表明它将如何帮助人们成长与发展
- 关注我和他人的天赋
- 展现它如何给出新的见解
- 暗示人们会喜欢它，也会喜欢我
- 指出它将如何帮我寻找到意义
- 说出它令人享受，而且有趣

     （ST）

- 讨论它的研究基础
- 强调它的理论依据
- 展示它如何切合某个策略
- 展现它将如何增强能力

- 暗示它带来的多种可能性

- 表明这些可能性很诱人

- 是可靠信息的来源

打分:

等级

序号	ST	SF	NF	NT
A.	_____	_____	_____	_____
B.	_____	_____	_____	_____
C.	_____	_____	_____	_____
D.	_____	_____	_____	_____
E.	_____	_____	_____	_____
F.	_____	_____	_____	_____
G.	_____	_____	_____	_____
H.	_____	_____	_____	_____
I.	_____	_____	_____	_____
J.	_____	_____	_____	_____
K.	_____	_____	_____	_____
L.	_____	_____	_____	_____
M.	_____	_____	_____	_____

总数:

平均数(总数/13):

附录 C
核心性格类型中"做出改变"的主题

表 C.1 ~ 表 C.4 总结了第 4 ~ 7 章中提到的各种核心性格类型的人在工作和人际关系中做出改变时所用到的主题。用这些主题来提醒自己如何利用性格偏好来做出改变。

表 C.1　稳定者（ST）的核心性格类型

在工作中	在人际关系中
简化事情	帮忙做事
动手做事	值得依赖
一步一个脚印	遵守制度
找出错误并改正	强调谨慎/责任
着手工作	着眼于现实
值得信赖	识别错误
设定职责	一点一点地进步
记录程序和信息	编写事物
执行制度和政策	提供证据
提供以任务为导向的培训	鼓励体育活动

表 C.2 协调者（SF）的核心性格类型

在工作中	在人际关系中
为他人提供帮助	为他人提供帮助
积极向上	鼓励他人
具有包容性	表达自己的感觉
从私人方面了解他人	忠诚
尊重他人，举止得体	使他人开心
缓解冲突	拯救他人
显示对机构的忠诚	组织聚会等
拯救他人	缓解冲突
提供舒适	推崇价值观
创造秩序	为他人牺牲

表 C.3 有感染力者（NF）的核心性格类型

在工作中	在人际关系中
追求梦想	感情用事
看到每个人好的一面	宣扬目标
善于交流	创造乐趣
解救全体人员	用人际关系帮助他人
发展他人的潜力	鼓励他人冒险
发展信念/价值体系	具有启发性
宣扬通过人际关系做出改变	使用沟通技巧
具有创新意识	在人际关系中成长
对他人进行启发	表现出感同身受，而不仅仅是同情
帮助他人理解	探求生命的意义

表 C.4　远见卓识者（NT）的核心性格类型

在工作中	在人际关系中
利用才能	用客观的方式做出个人的改变
挑战自己和他人	解决问题和制订计划
规划未来	鼓励自立
负责做出改变	帮助他人提高能力
运用知识	使用学到的有关人际关系的技巧
设定高标准来激励他人	使用高标准来激励他人
一劳永逸地解决问题	解决冲突
给出专业的建议	聪明地使用逻辑
展望未来	提供并且利用专业知识
调解冲突	面向未来

反侵权盗版声明

  电子工业出版社依法对本作品享有专有出版权。任何未经权利人书面许可，复制、销售或通过信息网络传播本作品的行为；歪曲、篡改、剽窃本作品的行为，均违反《中华人民共和国著作权法》，其行为人应承担相应的民事责任和行政责任，构成犯罪的，将被依法追究刑事责任。

  为了维护市场秩序，保护权利人的合法权益，我社将依法查处和打击侵权盗版的单位和个人。欢迎社会各界人士积极举报侵权盗版行为，本社将奖励举报有功人员，并保证举报人的信息不被泄露。

举报电话：（010）88254396；（010）88258888

传 真：（010）88254397

E-mail： dbqq@phei.com.cn

通信地址：北京市万寿路 173 信箱

     电子工业出版社总编办公室

邮 编：100036